Arithmetische Aufgabensammlung für höhere Lehranstalten

zu

Mehlers Hauptsätzen der Elementar-Mathematik
(Ausgabe B)

bearbeitet von

Oberstudiendirektor A. Schulte-Tigges

Unterstufe

Mit 4 Tafeln

Berlin und Leipzig 1927

Verlag von Walter de Gruyter & Co.

vormals G. J. Göschen'sche Verlagshandlung · J. Guttentag, Verlagsbuchhandlung · Georg Reimer · Karl J. Trübner · Veit & Comp.

Druck von Walter de Gruyter & Co., Berlin W 10.

Vorwort.

Die vorliegende Aufgabensammlung bildet eine von vielen Seiten gewünschte Ergänzung zu der auf Schellbach-Mehler zurückgehenden „Elementar-Mathematik"; sie kann aber ebensogut zu jedem andern mathematischen Lehrbuch benutzt werden, da sie jede unmittelbare Bezugnahme auf jenes Werk vermeidet und auch die in Betracht kommenden Tafeln aus der Unterstufe der Elementar-Mathematik und eine besondere Formelsammlung enthält. Die zugehörige Oberstufe wird bestimmt in Jahresfrist erscheinen.

Die Aufgabensammlung schließt sich den Forderungen der „Richtlinien" eng an. Bei den einzelnen Aufgaben ist unter Vermeidung unnötig verwickelter Beispiele ganz besonderer Wert auf eine allmähliche Steigerung der Schwierigkeit gelegt worden, so auch bei den Gleichungen, die in großer Zahl dem praktischen Leben, der Geometrie und der Physik entnommen sind. Eine vollständige Scheidung der eingekleideten Gleichungen von den andern erschien nicht zweckmäßig, da sie nur geeignet ist, den Schülern eine gewisse Scheu vor den ersteren einzuflößen; vielmehr wird jede Gleichungsgruppe durch einfache eingekleidete Gleichungen eingeleitet. Aus demselben Grunde folgt die Behandlung der Potenzen mit negativen Exponenten der sonstigen Potenzrechnung nicht erst nach, sondern ist mit ihr von Anfang an verwoben, wodurch ohne Zweifel erreicht wird, daß die „uneigentlichen" Potenzen dem Schüler weniger fremdartig erscheinen. Die betreffenden Beispiele sind aber leicht kenntlich und können dort, wo der Schullehrplan sie erst der folgenden Klasse zuschreibt, ohne weiteres ausgeschieden und nachträglich im Zusammenhang durchgenommen werden.

Von vornherein ist besondere Rücksicht darauf genommen worden, daß die in den untern Klassen erzielte Fertigkeit des Rechnens mit gewöhnlichen und Dezimalbrüchen nicht verloren geht. Zum abgekürzten Multiplizieren und Dividieren bietet sich vielfach Gelegenheit. Der Anwendung des Rechenschiebers ist ein besonderer Abschnitt gewidmet. Auf die geometrische Darstellung der Rechenregeln ist überall hingewiesen; auf die zugehörigen einfachen Zeichnungen glaubte der Verfasser verzichten zu können, da sie im Unterricht ohnehin an der Tafel vorgenommen und vom Schüler mitgezeichnet werden müssen. Dagegen ist die graphische Darstellung ausführlich behandelt worden; in diesem Abschnitt werden auch die funktionellen Betrachtungen, die schon von Anfang an den ganzen Stoff durchziehen, systematisch zusammengefaßt.

Die in die Aufgabenreihen eingestreuten Fragen lassen einen methodischen Lehrgang erkennen, an den der Lehrer aber nicht gebunden ist, da er solche Fragen nur auszuschalten braucht, falls ihm ein anderer Weg besser dünkt. Das gleiche gilt von der jeweiligen Auffassung von Ausdrücken wie $3a$, $4x$ usw., sowie der Brüche und der relativen Zahlen als benannter Zahlen, die vielleicht nicht gleich allgemeine Zustimmung findet, sich aber nach den Erfahrungen des Verfassers als didaktisches Hilfsmittel außerordentlich bewährt hat und sich auch durch weitgehende Analogie sowie durch die geometrische Darstellung rechtfertigen läßt. Somit ist auch in diesem Teil der „Elementar-Mathematik" der Grundsatz maßgebend gewesen, dem Lehrer eine möglichst große Selbständigkeit zu sichern; insbesondere ist ihm auch durch die räumliche Trennung der Gleichungen und der funktionellen Betrachtungen von dem rein arithmetischen Teil die Freiheit gewahrt worden, diese Gebiete nach eigenem Ermessen miteinander zu verbinden.

Unter den Gleichungen sind einige von geschichtlicher Bedeutung, an der beigesetzten Herkunft erkennbar, der Geschichte der Elementar-Mathematik von Tropfke entnommen worden. Alle übrigen Aufgaben sind neu gebildet; die meisten physikalischen Beispiele verdankt der Herausgeber dem freundlichen Interesse des Herrn Studienrat Kappe vom Realgymnasium I in Kassel. Auch den übrigen Fachgenossen des Lehrerkollegiums gebührt herzlicher Dank für bereitwillig erteilten Rat und Erprobung einzelner Teile der Sammlung im Unterricht.

Eine Zusammenstellung der Ergebnisse wird im Laufe des Winters erscheinen.

Kassel, im August 1927.

A. Schulte-Tigges.

Inhalt.

Erster Teil: Grundrechnungsarten und Proportionen.

§ 1. Addition von Zahlen.

1. Wie ist zu zählen, wenn $7 + 3$ ausgerechnet werden soll, wie also bei $a + 2$, wenn a irgend eine Zahl (z. B. 5 oder 17 oder $2\frac{1}{2}$ oder 3,9) bedeutet?

2. Wie groß sind daher die Zahlen $a + 2$, $a + 5$, $a + 3\frac{1}{2}$ im Vergleich mit der Zahl a?

3. Welche Zahlen sind um 7 größer als x, um 10 größer als y, um 3 größer als z?

4. Welche Zahl ist größer, $x + 5$ oder x, und um wieviel?

5. Wie entsteht $x + 7$ aus $x + 4$, $a + 9$ aus $a + 2$?

6. Welche Zahl ist größer, $m + 7$ oder $m + 1$, $n + 9\frac{1}{2}$ oder $n + 2$, $p + 10\frac{1}{4}$ oder $p + 13$? Bestimme durch Aufwärtszählen von der kleineren Zahl aus, um wieviel die andere größer ist.

7. Wenn s eine ganze Zahl bedeutet, welches sind dann die folgenden ganzen Zahlen? Welche ganze Zahl folgt an der vierten Stelle hinter $s + 3$, welche an der dritten Stelle hinter $s + 7$?

8. Stelle die Zahl 7 durch eine Strecke von 7 Längeneinheiten dar, die auf einer Geraden, der Zahlenlinie, von einem willkürlich gewählten Anfangspunkt nach rechts abgetragen werden; wohin gelangt man alsdann auf dieser Linie, wenn man $7 + 2$ bildet? Desgleichen für $a + 3$, $x + 4$, wobei a und x, wenn sie der Größe nach nicht bekannt sind, willkürlich angenommen werden müssen.

9. Rechne in der nachstehenden Zahlentafel für die verschiedenen Werte von a die darunter angegebenen Zahlen aus:

	1	2	3	4	5	6	7
$a =$	3	18	$15\frac{1}{2}$	$7\frac{2}{3}$	2,4	3,6	1,25
α) $a + 4 =$							
β) $a + 2\frac{1}{2} =$							
γ) $5 + a =$							
δ) $3\frac{3}{4} + a =$							

10. Wenn a und b Zahlen bedeuten, wie groß ist dann $a+b$ im Vergleich mit a? Erkläre die Bezeichnungen Summe, Augend, Addend, Wert der Summe. Stelle $a+b$ auf der Zahlenlinie dar.

11. Ergänze die nachstehende Zahlentafel durch die Werte von $a+b$, $b+a$, $a+b+c$, $a+c+b$, $c+b+a$:

	1	**2**	**3**	**4**	**5**	**6**
$a =$	3	15	$3\frac{1}{2}$	$2\frac{2}{3}$	2,4	5,15
$b =$	2	18	4	$3\frac{3}{4}$	3,6	2,73
$c =$	4	23	$12\frac{3}{4}$	$8\frac{5}{6}$	7,9	3,42

12. Welche Regel ergibt sich aus 11 für die Reihenfolge des Addierens? Durch welche Formeln kann man das Ergebnis ausdrücken? Erkläre die Bezeichnung Summanden.

13. Bestätige das Ergebnis von 12 **a)** auf der Zahlenlinie durch Umlegen von $a+b$, **b)** in einem Dreieck, indem du die Summe der Seiten a und b auf doppelte Weise herstellst und die so erhaltenen Summenstrecken durch eine Drehung zur Deckung bringst, **c)** in einem Dreieck, indem du den ganzen Umfang auf dreifache Weise herstellst.

14. Wie ist demnach am bequemsten zu rechnen:
a) $557+218+43$; **b)** $78+49+12$; **c)** $113+98+2$;
d) $13\frac{1}{4}+2\frac{1}{7}+12\frac{3}{4}$; **e)** $17\frac{5}{8}+2\frac{4}{9}+13\frac{5}{9}$; **f)** $12{,}4+3{,}75+1{,}6$?

---

15. Ersetze in der Summe $x+3$ den Buchstaben x **a)** der Reihe nach durch die aufeinanderfolgenden ganzen Zahlen von 1 an, **b)** durch 2, 4, 6 usw., **c)** durch 1, 3, 5 usw., **d)** durch $\frac{1}{2}$, 1, $1\frac{1}{2}$, 2 usw.; **e)** durch $2\frac{2}{3}$, $3\frac{1}{3}$, 4, $4\frac{2}{3}$ usw. und untersuche die entstehenden Zahlenreihen.

16. Desgleichen für die Summe $5+x$.

17. Wie ändert sich der Wert von $a+x$, wenn x von einem Anfangswert an gleichmäßig **a)** um 1, **b)** um 2, **c)** um 0,5 zunimmt? Drücke das Ergebnis in allgemeiner Form in Worten aus.

18. Desgleichen für $x+b$.

§ 2. Subtraktion von Zahlen.

1. Wie ist zu zählen, wenn $8-3$ ausgerechnet werden soll, wie also bei $a-4$, $x-6$, $p-2\frac{1}{2}$?

2. Wie groß sind die Zahlen $b-3$, $b-7$, $b-3{,}4$ im Vergleich mit b?

3. Welche Zahlen sind um 7 kleiner als a, um $2\frac{3}{4}$ kleiner als m, um 2,5 kleiner als p?

4. Welche Zahl ist kleiner, $x-3$ oder x, und um wieviel kleiner?

5. Wie entsteht $q-2$ aus q, $q-5$ aus $q-3$, $q-2$ aus $q+5$, $q+2$ aus $q-3$, $q-4$ aus $q+5$?

6. Welche Zahlen sind kleiner, $x-3$ oder $x-5$, $y-2$ oder $y+1$, $z+4$ oder $z-5$, $a-1\frac{1}{2}$ oder $a+2$? Bestimme, um wieviel die kleinere Zahl kleiner oder die größere Zahl größer ist, durch Abwärts- oder Aufwärtszählen.

7. Wenn t eine ganze Zahl bedeutet, welches sind dann die 4 vorhergehenden ganzen Zahlen?

Welches sind die benachbarten ganzen Zahlen zu t, zu $t+3$, zu $t-4$?

Welche Zahl steht an der vierten Stelle vor $t-3$, welche an der fünften Stelle vor $t+2$, an der sechsten hinter $t-5$?

8. Stelle die Zahl 8 durch Abtragung von 8 Längeneinheiten auf der Zahlenlinie dar. Wohin gelangt man dann auf dieser Linie, wenn man $8-3$ bildet? Desgleichen für $a-3$, $x-5$.

9. Ergänze die folgende Zahlentafel durch die Werte von α) $p-2$, β) $p-3\frac{1}{2}$, γ) $p-1{,}2$, δ) $20-p$, ε) $25\frac{3}{4}-p$:

	1	2	3	4	5	6
$p =$	5	17	$12\frac{1}{2}$	$4\frac{5}{8}$	8,4	12,75

10. Wie groß ist $p-q$ im Vergleich mit p? Erkläre die Bezeichnungen Differenz, Minuend, Subtrahend, Wert der Differenz. Stelle $p-q$ auf der Zahlenlinie dar.

11. Ergänze die folgende Zahlentafel durch die Werte von $p-q$:

	1	2	3	4	5	6
$p =$	23	315	$138\frac{7}{8}$	$16\frac{2}{3}$	83,6	16,374
$q =$	17	315	$49\frac{7}{12}$	$5\frac{5}{8}$	47,9	9,295

Durch welche Probe kann man sich von der Richtigkeit der Rechnung überzeugen? (Formel für die Probe!)

12. Was gibt $a+3-3$, $b-5+5$, $x+a-a$, $y-b+b$?

Inwiefern kann man also Addition und Subtraktion entgegengesetzte Rechnungsarten nennen?

13. Die Rechnung $10-7$ auf doppelte Weise auszuführen, durch Abwärtszählen von 10 aus und durch Aufwärtszählen von 7 aus.

Durch welche beiden Fragen läßt sich diese Aufgabe daher ausdrücken?

Welcher Geschäftsbrauch stimmt mit dem zweiten Verfahren überein?

Auf welchem der beiden Verfahren beruht die sogenannte österreichische Subtraktionsmethode?

14. Stelle $a + b = c$ auf der Zahlenlinie dar. Wie erhält man 1. a, wenn c und b gegeben sind (d. h. der Wert der Summe und der Addend), 2. b, wenn c und a gegeben sind (d. h. der Wert der Summe und der Augend)?

Untersuche in den folgenden Beispielen die Zahlenreihen.

15. Was gibt $x + 2\frac{1}{2}$ für $x = 25, 20, 15, \ldots 5$?

16. Was gibt $4{,}2 + x$ für $x = 12, 10, 8, 6, 4, 2$?

17. Was gibt $x - 4$ **a)** für $x = 4, 5, 6 \ldots$, **b)** für $x = 5, 7, 9, \ldots$, **c)** für $x = 4, 4\frac{1}{2}, 5, 5\frac{1}{2} \ldots$, **d)** für $x = 10, 9, 8, \ldots 4$?

18. Was gibt $10 - x$ **a)** für $x = 1, 2, 3, \ldots 10$, **b)** für $x = 2, 4, 6, \ldots 10$, **c)** für $x = \frac{1}{4}, \frac{1}{2}, \frac{3}{4}, 1 \ldots 2\frac{1}{2}$, **d)** für $x = 9, 7, 5, \ldots 1$?

19. Wie ändert sich der Wert von $a + x$, wenn x von einem Anfangswert an ständig um 1 abnimmt, wie der Wert von $x + b$?

Drücke das Ergebnis in allgemeiner Form in Worten aus.

20. Wie ändert sich der Wert von $a - x$, wenn x ständig um 1 **a)** zunimmt, **b)** abnimmt? (Allgemeines Ergebnis!)

21. Wie aber der Wert von $x - a$?

§ 3. Addition in Verbindung mit Subtraktion.

1. Was gibt **a)** $x + 6 - 4$, **b)** $x + 4 - 6$, **c)** $x - 6 + 4$, **d)** $x - 6 - 4$, **e)** $x - 4 + 6$? Benutze dabei auch die Zahlenlinie ($x > 10$).

2. Was bedeutet die Aufgabe $a + b - c$? Wie heißt ein solcher Ausdruck? Welches sind die additiven und die subtraktiven Glieder?

3. Ergänze die folgende Zahlentafel durch die Werte von $a + b - c$ und in den Fällen 1—6 auch durch die Werte von $a - c + b$:

	1	**2**	**3**	**4**	**5**	**6**	**7**	**8**
$a =$	10	23	8	$9\frac{1}{3}$	12,3	7,25	12	20
$b =$	2	6	$2\frac{1}{2}$	$2\frac{1}{4}$	3,6	$3\frac{3}{4}$	6	7
$c =$	5	15	$3\frac{1}{4}$	$4\frac{3}{4}$	2,4	2,4	14	23

4. Was ergibt sich aus den Fällen 1—6 beim Vergleich von $a + b - c$ und $a - c + b$? Weshalb läßt sich dasselbe Ergebnis nicht ohne weiteres auch in den Fällen 7 und 8 ableiten?

5. Führe die Aufgaben $a + b - c$ und $a - c + b$ für die Fälle 1 und 2 auf der Zahlenlinie aus und beachte genau die Richtung des Wanderns; dann in derselben Weise in den Fällen 7 und 8 unter Benutzung des links vom Anfangspunkt gelegenen Teils der Zahlenlinie. Welches Ergebnis stellt sich alsdann auch in diesen Fällen heraus?

6. Was kann man daher von der Reihenfolge des Addierens und Subtrahierens allgemein sagen? Drücke das Ergebnis durch Formeln aus.

7. Wie rechnet man daher am bequemsten **a)** $132 + 49 - 32$, **b)** $348 - 280 - 48$, **c)** $13\frac{5}{12} + 2\frac{3}{7} - 1\frac{5}{12}$, **d)** $8\frac{2}{3} - 5\frac{1}{2} + 2\frac{1}{3}$?

8. Führe im Anschluß an die Zahlenlinie die folgenden Additionen und Subtraktionen **a)** in der gegebenen Reihenfolge, **b)** in beliebiger Reihenfolge der additiven und subtraktiven Glieder aus:
a) $24 - 6 + 5 - 19 - 7 - 3 + 16$; **b)** $20 - 13 - 9 + 10 - 14 + 9$;
c) $17 - 25 + 10 - 6 - 5 + 12$; **d)** $18 - 23 + 9 + 3 - 12 - 4 + 6 + 3$;
e) $112 - 48 - 74 - 35 + 158$; **f)** $\frac{3}{4} - \frac{5}{6} + \frac{2}{3} - \frac{1}{2} + \frac{5}{12}$;
g) $\frac{2}{3} - \frac{3}{4} + \frac{5}{6} - \frac{1}{2} - \frac{7}{12} + \frac{2}{3}$; **h)** $2\frac{1}{2} - 1\frac{1}{6} - 3\frac{2}{3} + 1\frac{3}{4} + 2\frac{1}{3}$;
i) $3{,}4 + 4{,}2 - 12{,}7 - 2{,}3 + 18{,}9$; **k)** $3{,}45 - 4{,}71 - 3{,}44 + 2{,}9 + 1{,}8$.

9. Wenn 3 Mark sich aus 3 einzelnen Mark zusammensetzen, was bedeutet dann $3a$ (a z. B. gleich 7 oder 10)? Wie groß ist entsprechend $5x$, $2y$, $8z$, wenn $x = 2$, $y = 3\frac{1}{2}$, $z = 1{,}2$ ist? Darstellung auf der Zahlenlinie!

10. Welches ist die Benennung, wenn $3a$, $5x$, $2y$, $8z$ als benannte Zahlen aufgefaßt werden, und welches ist die Stückzahl?

Wieviel ist demnach **a)** $3a + 2a$, **b)** $7b - 4b$, **c)** $3c + 17c - 20c$, **d)** $4d - 7d + 5d$, **e)** $15x + 7x - 28x + 6x$?

11. Rechne aus (wie in 8):
a) $12a - 8a - 9a + 3a + 13a$;
b) $23x - 29x - 4x + 6x + 9x - 12x + 11x$;
c) $10x - 7x + 5x - 9x + 26x - 17x$;
d) $28a - 17\frac{1}{2}a - 2\frac{3}{4}a + 7\frac{5}{8}a$;
e) $28y - 13y - 12y - 17y + 6y + 30y$;
f) $17\frac{1}{3}b + 8\frac{5}{6}b - 22\frac{1}{2}b - \frac{2}{3}b$;
g) $2z + 17z - 25z - 3z + 5z + 18z$;
h) $5m + 3\frac{3}{4}p - 5\frac{1}{2}p - 2\frac{1}{3}p$.

12. **a)** $7a + 3b - 5b + 12a - 8a + 7b$;
b) $2a - 5b - 7b - 6a + 8b + 9a$;
c) $12m - 16n - 8m - 4n + 26n - 2m$;
d) $15x - 7y + 4z - 8x + 3y - 9z - 9x$;
e) $13x - 4y + 5z - 25x + 7y - 9z + 18x - 14y - 8z$;
f) $2\frac{3}{4}a + 3\frac{3}{8}b - 8\frac{1}{2}c - 1\frac{5}{8}a - 4\frac{1}{6}b - 2\frac{4}{9}c$.

13. **a)** $25x + 13m - 24n - 98m + 15n - 126m - 43n$;
b) $418x - 536x - 213y + 47y + 158x$;
c) $15a - 3\frac{1}{2}b - 26b - 22\frac{3}{4}a + 12\frac{1}{4}b + 18\frac{1}{4}a$;
d) $3\frac{3}{4}z + 2\frac{1}{2}z - 6\frac{5}{8}z + 6\frac{1}{4}z - 4\frac{2}{3}z$;
e) $12{,}3y + 3{,}4y - 27{,}2y + 3{,}9y - 2{,}7y + 38{,}1y$;
f) $38{,}56a - 49{,}23a - 13{,}77a + 8{,}25a + 78{,}29a - 24{,}3a$.

14. Wie ändern sich die Werte von $a + x$, $a - x$ und $x - a$, wenn gleichzeitig a und x α) um je 5 zunehmen, β) um je 2 abnehmen?

15. Wie ändern sich die Werte von $a + x$, $a - x$, $x - a$, wenn gleichzeitig α) a um 3 und x um 2 zunimmt, β) a um 5 und x um 1 abnimmt, γ) a um 3 zunimmt und x um 5 abnimmt, δ) a um 4 abnimmt und x um 3 zunimmt?

16. Wie ändern sich die Werte von $a + b + c$, $a - b + c$, $a + b - c$, $a - b - c$, wenn gleichzeitig α) a, b, c um je 1 zunehmen, β) a, b, c um je 1 abnehmen, γ) a und b um je 1 zunehmen und c um 1 abnimmt, δ) a um 1 abnimmt und b und c um je 1 zunehmen?

§ 4. Addition und Subtraktion mehrgliedriger Ausdrücke.

1. Wie addiert man 43, wie 99 zu einer Zahl (z. B. 54)? Drücke die Rechnungsweise in Formeln aus.

2. Wie kann man daher die Aufgaben $x + (a + 3)$ und $x + (a - 3)$ rechnen? Begründe die Rechnung.

3. Rechne $x + (a + 2)$ und $x + (a - 2)$ auf doppelte Weise aus für **a)** $x = 10$, $a = 5$; **b)** $x = 4$, $a = 10$; **c)** $x = 7\frac{1}{2}$, $a = 2\frac{3}{4}$, **d)** $x = 12,4$, $a = 5,7$.

4. Stelle dieselben Betrachtungen an für $x + (a + b)$ und $x + (a - b)$ und rechne den Wert auf doppelte Weise aus für **a)** $x = 16$, $a = 7$, $b = 3$; **b)** $x = 25$, $a = 6$, $b = 4$; **c)** $x = 25\frac{7}{12}$, $a = 3\frac{3}{4}$, $b = 2\frac{1}{2}$; **d)** $x = 0,34$, $a = 7,2$, $b = 0,95$.

5. Wie subtrahiert man 42, wie 98 von einer Zahl (z. B. 156)? Drücke die Rechnungsweise in Formeln aus.

6. Wie kann man daher die Aufgaben $x - (a + 5)$ und $x - (a - 5)$ rechnen? Begründe die Rechnung.

7. Rechne $x - (a + 3)$ und $x - (a - 3)$ auf doppelte Weise aus für **a)** $x = 29$, $a = 13$; **b)** $x = 12\frac{2}{3}$, $a = 7\frac{1}{2}$; **c)** $x = 13\frac{5}{6}$, $a = 8\frac{7}{8}$; **d)** $x = 256,3$, $a = 148,84$.

8. Stelle dieselben Betrachtungen an für $x - (a + b)$ und $x - (a - b)$ und rechne den Wert auf doppelte Weise aus für **a)** $x = 136$, $a = 47$, $b = 19$; **b)** $x = 12\frac{3}{4}$, $a = 7\frac{2}{3}$, $b = 4\frac{1}{2}$; **c)** $x = 23\frac{4}{5}$, $a = 8\frac{5}{6}$, $b = 4\frac{1}{2}$; **d)** $x = 29,6$, $a = 12,9$, $b = 4,3$.

9. Welche allgemeinen Formeln und Regeln ergeben sich aus den Aufgaben 4—8?

10. Wie rechnet man daher am bequemsten: **a)** $468 + (749 + 32)$; **b)** $12,84 + (7,623 - 1,84)$; **c)** $948 - (448 + 69)$; **d)** $18\frac{2}{3} - (9\frac{1}{2} - 2\frac{1}{3})$?

11. Weshalb läßt sich die Aufgabe $13a + (5a + 7b)$ ohne Auflösung der Klammer nicht rechnen, so lange a und b nicht bekannt sind?

12. **a)** $13a + (5a + 7b)$; **c)** $29z + (13z - 4b)$;
b) $25x - (7a + 13x)$; **d)** $8y - (9x - 6y)$.

13. a) $83\tfrac{7}{12}\,x - (15\tfrac{3}{4}\,x - 9\tfrac{1}{6}\,y)$; **c)** $28{,}56\,a + (47{,}3\,b - 19{,}79\,a)$;
b) $48\tfrac{1}{2}\,x + (12\tfrac{1}{2}\,x + 3\tfrac{2}{3}\,y)$; **d)** $36{,}2\,y - (18{,}4\,z + 27{,}94\,y)$.

14. a) $(12\,a - b) - (6\,a + 3\,b)$; **c)** $(3\tfrac{3}{4}\,a - 2\tfrac{5}{6}\,x) + (2\tfrac{1}{2}\,a + 4\tfrac{3}{4}\,x)$;
b) $(23\,x + 12\,y) + (13\,x - 12y)$; **d)** $(7{,}2\,m - 2{,}4n) - (3{,}7\,m + 1{,}8n)$.

15. a) $7\,g - (3\,g + 4\,h) + (4\,g - h)$;
b) $43\,m + (14\,n + 25\,m) - (7\,m - 28\,n)$;
c) $33\tfrac{2}{3}\,p - (48\tfrac{1}{2}\,q - 12\tfrac{3}{7}\,p) + (15\tfrac{1}{3}\,p + 18\tfrac{1}{2}\,q)$;
d) $17{,}4\,a + (15{,}3\,a - 12{,}4\,b) - (27{,}4\,a + 13{,}2\,b)$;
e) $75{,}3\,x - (29\tfrac{1}{2}\,y - 4{,}3\,x) - (68{,}9\,x - 24\tfrac{3}{4}\,y)$;
f) $17{,}3\,x + (14{,}6\,y - 12\tfrac{1}{2}\,x) - (3{,}7\,x + 3{,}9\,y) + 0{,}7\,y$.

16. a) $x + (a + b - c)$; **c)** $x - (a - b - c + d)$;
b) $x - (a - b + c)$; **d)** $x + (a - b + c - d)$.
Regel!

17. a) $3\,x + (4\,x + 5\,y - 6\,z) - (3\,x - 7\,y + 18\,z)$;
b) $12\,a - (18\,a - 6\,b + 3\,c) + (10\,a + 13\,b - 8\,c)$;
c) $18\,z - 10\,x - (12\,z + 15\,y + 9\,x) + (20\,x + 17\,y - 6\,z)$;
d) $(13\tfrac{5}{8}\,p - 8\tfrac{2}{7}\,q + 3\tfrac{1}{6}\,r) - (8\tfrac{1}{2}\,p + 4\tfrac{3}{7}\,q - 5\tfrac{2}{3}\,r)$;
e) $(2{,}35\,a + 3{,}4\,b - 5{,}9\,c) + (3{,}8\,a - 4{,}9\,b - 4{,}1\,c)$.

18. a) $3\,a + [5\,a - (3\,a - 4\,b) + (14\,a - 9\,b)]$;
b) $12\,x - [3\,x + (4\,x - 9\,y) - (5\,x + 8\,y)]$;
c) $27\,a - 21\,b - [(25\,a - c) - (17\,b - 4\,c)] - 5\,c$;
d) $12\,m - [(8\,m - 4\,n) - (3\,m + 4\,n) + (6\,m + 8\,n)]$;
e) $83\,p + [(18\,p - 12\,q) - (13\,p - 3\,q) - (p + q)]$;
f) $30\,a - (12{,}3\,a - 17\,b) - [8\,a - (0{,}7\,b - 9{,}7\,a) + 16{,}7\,b]$;
g) $2\tfrac{1}{2}\,a - [3\tfrac{1}{3}\,b + (5\tfrac{5}{9}\,c - 3\tfrac{3}{4}\,a) - (1\tfrac{2}{3}\,a - 2\tfrac{3}{4}\,b + 8\tfrac{5}{6}\,c)]$;
h) $16{,}3\,x + [(8{,}4\,y - 3{,}9\,z) - (2{,}9\,x - 13{,}5\,y)]$
$- [(9{,}6\,z - 8{,}7\,x) + 2{,}7\,y]$.

19. a) $[12\tfrac{3}{4}\,x - (3{,}5r + 7\tfrac{2}{3}\,t)] - [(2\tfrac{1}{6}\,x + 15\tfrac{1}{4}\,r) - (9\tfrac{3}{4}\,t - 2{,}3\,s)] - 3{,}6\,s$;
b) $(12{,}4\,a - 3{,}68\,b) + [(8{,}32\,c - 9{,}24\,a) - 7{,}6 - (19{,}26\,c + 8{,}3\,b)]$
$- 38{,}4$;
c) $17\,a - (8\,a + 5\,b - [4\,b - (12\,a - 19\,b) + (9\,b - a)]) - 32\,b$;
d) $(12\,x - 3\,y) + (23\,x - [(4\,y - 8\,z) - (8\,x - 12\,z)])$;
e) $21\,x - (14y - 10z + [(39x - 8y) - (19\,x + 7\,y + 12\,z) + 21\,z])$;
f) $(846\,a + 614\,b) - (326\,b + [(127\,a - 56\,c) - (68\,a - 56\,c)])$.

20. Schließe in den folgenden Aufgaben alle Glieder, die gleichartig bezeichnet sind, in eine Klammer ein:

a) $a + \bar{x} - \bar{y} - \breve{b} - \breve{c} - \widehat{m} - \widehat{n} + \widehat{p}$;

b) $\bar{a} + \bar{b} - \breve{x} - \breve{y} + \breve{z} - \widehat{p} + \widehat{q} - \widehat{r}$;

c) $\bar{a} - \breve{b} + \dot{\bar{c}} - \dot{\bar{x}} + \breve{y} - \widehat{z} + \breve{m} - \widehat{u} - \widehat{v}$;

d) $\bar{a} + \breve{b} - \widehat{c} - \dot{\bar{d}} - \widehat{e} + \dot{\bar{f}} - \breve{g} - \widehat{h} + \breve{i}$.

21. Stelle die folgenden algebraischen Summen auf möglichst verschiedene Arten 1. als eine einfache Summe, 2. als eine Differenz dar:
a) $x - y + z$; **b)** $a + b - c + d$; **c)** $m - n - p + q - r$;
d) $x + y - z - u + v - w$.

22. Rechne mit Einführung von Klammern:
a) $19842 - 62 - 38$; **c)** $128\frac{17}{24} - 35\frac{6}{7} - 28\frac{1}{7}$;
b) $1748 + 263 - 63$; **d)** $89\frac{1}{2} - 45\frac{7}{9} + 13\frac{7}{9}$;
e) $7846 + 358 - 158 - 48 - 252$;
f) $28\frac{3}{4} - 12\frac{5}{7} - 3\frac{2}{7} + 18\frac{5}{9} - 13\frac{4}{9} + 8\frac{8}{9}$.

§ 5. Addition und Subtraktion relativer Zahlen.

1. Ein Schüler will ein neues Heft kaufen und erhält dafür von den Eltern 20 Pf. Wieviel bleibt ihm übrig, wenn das Heft nur 15 Pf. kostet? Wie rechnet man das? Wie kann man das unausgerechnet schreiben?

2. Wenn das Heft aber 25 Pf. kostet, wie ist dann zu schreiben? Welche Verpflichtung liegt in dem Ergebnis — 5 Pf.? Wie kann man das auch anders ausdrücken? Wie wollen wir also 5 Pf. Schulden von nun an bezeichnen? Was wird im Gegensatz dazu + 5 Pf. alsdann bedeuten? Welche besondere Bedeutung haben also in diesem Fall die Zahlen durch das „Vorzeichen" + und — erlangt? Wie heißen solche Zahlen?

3. Wieviel besitzt ein Schüler, der von einem Mitschüler 10 Pf. zu fordern hat und einem andern Mitschüler 10 Pf. schuldet? Gib andere Beispiele an, wo Größen von so entgegengesetzter Art sind, daß gleiche Anzahlen von beiden Sorten sich gegenseitig aufheben, wenn sie zusammengefügt werden, und drücke dies durch eine allgemeine Formel aus.

4. Addiere als gleichbenannte Zahlen:
a) $(+3) + (+7) + (+5)$; **b)** $(-5) + (-3) + (-9)$;
c) $(+5a) + (+6a) + (+17a)$; **d)** $(-3x) + (-15x) + (-23x)$.

5. Addiere als entgegengesetzt benannte Zahlen, indem du die größere so in zwei Teile zerlegst, daß sich der eine Teil mit der kleineren aufhebt (Beispiel: $(+7) + (-3) = (+4) + (+3) + (-3) = +4$):
a) $(+9) + (-4)$; **b)** $(-5) + (+2)$; **c)** $(-3a) + (+15a)$;
d) $(+2x) + (-9x)$.

6. Subtrahiere als gleichbenannte Zahlen:
a) $(+9) - (+5)$; **b)** $(+9) - (+9)$; **c)** $(-9) - (-5)$;
d) $(-9) - (-9)$; **e)** $(+6a) - (+4a)$; **f)** $(+6a) - (+6a)$;
g) $(-6a) - (-4a)$; **h)** $(-6a) - (-6a)$.

7. Subtrahiere, indem du die Zahl suchst, die zum Subtrahenden hinzugefügt den Minuenden ergibt:
a) $(+9) - (+12)$; **b)** $(-9) - (-12)$; **c)** $(+5) - (-4)$;

d) $(-3)-(+5)$; **e)** $(+5a)-(+7a)$; **f)** $(-7a)-(-12a)$; **g)** $(+8a)-(-9a)$; **h)** $(-6a)-(+3a)$.

8. Rechne, um zu einem einfacheren Verfahren zu kommen, die folgenden Beispiele auf doppelte Weise (mit und ohne Auflösung der Klammer) und vergleiche jedesmal die beiden Ergebnisse:

a) $x+(7-9)$; **b)** $x-(7-9)$; **c)** $x+(9-7)$; **d)** $x-(9-7)$, worin der Überschuß $9-7$ ausdrücklich als $+2$ zu bezeichnen ist.

9. Welche Formeln und Regeln ergeben sich entsprechend für

$$a+(+b),\quad a+(-b),\quad a-(+b),\quad a-(-b)?$$

Unterscheide hierbei sorgfältig zwischen „Rechenzeichen" und „Vorzeichen".

10. Erläutere dieses Verfahren an der Zahlengeraden und wende es nachträglich auf die Aufgaben 4–7 an.

11. Wie groß ist der Längenunterschied **a)** zwischen Moskau ($+37^0\,37'$) und Berlin ($+13^0\,24'$), **b)** zwischen Bremen ($+8^0\,48'$) und New York (-74^0), **c)** zwischen New York (-74^0) und San Franzisko ($-122^0\,25'$)?

Bestimme den Unterschied nach der Anschauung und drücke ihn andererseits als wirkliche Differenz aus. Was bedeutet das Vorzeichen des Ergebnisses?

12. Wie groß ist der Breitenunterschied **a)** zwischen Berlin ($+52^0\,30'$) und Rom ($+41^0\,54'$), **b)** zwischen Neapel ($+40^0\,51'$) und Rio de Janeiro ($-22^0\,54'$), **c)** zwischen Rio de Janeiro ($-22^0\,54'$) und Kapstadt ($-33^0\,56'$)? Bemerkung wie zu 11.

13. Wie groß ist der Temperaturunterschied zwischen der Nachmittagstemperatur (um 2 Uhr) von **a)** $+3^0$ C, **b)** $+12^0$ C, **c)** -8^0 C, **d)** -2^0 C und der Vormittagstemperatur (um 8 Uhr) von **a)** -4^0 C, **b)** $+15^0$ C, **c)** -12^0 C, **d)** $+3^0$ C? Bemerkung wie zu 11.

14. An dem Pegel eines Flusses ist der mittlere Wasserstand mit 0, jeder höhere mit positiven und jeder niedrigere mit negativen Zahlen bezeichnet. Welche Änderung hat der Wasserstand seit gestern erfahren, wenn der Pegel

a)	gestern	$-0{,}45$ m	und	heute	$+1{,}32$ m,
b)	„	$+0{,}14$ m	„	„	$-0{,}25$ m,
c)	„	$+1{,}73$ m	„	„	$+0{,}89$ m,
d)	„	$-0{,}65$ m	„	„	$-0{,}27$ m anzeigte?

Bemerkung wie zu 11. Rechne auch die Änderung in Prozenten der 6,3 m betragenden mittleren Flußtiefe aus.

15. **a)** $(+23)+(-26)$; **b)** $(-36)-(-50)$;
c) $48-(-12)+(-83)$; **d)** $(-129)+(-18)-(-36)$;
e) $(+9)+(-3)-(+3)+(-9)$; **f)** $\frac{3}{10}-(+\frac{4}{5})+(-\frac{3}{4})-(-\frac{1}{2})$;
g) $64a+(-48a)-(-28a)+(+a)$;
h) $2\frac{7}{8}x-(+3\frac{5}{6}x)-(-7\frac{5}{12}x)+(-3\frac{1}{2}x)$;
i) $(-3{,}4p)-(-6{,}9p)+(-5{,}2p)-(+2{,}1p)$;
k) $(+3{,}3x)-(-5\frac{7}{10}y)+(-4z)-(+3\frac{1}{2}x)+(-5{,}9y)$.

16. Rechne 1. $x + y$, 2. $x - y$, 3. $x + y - z$; 4. $x - y + z$ aus für
a) $x = -2$, $y = +3$, $z = -12$;
b) $x = +2\frac{1}{2}$, $y = -3\frac{3}{4}$, $z = -5\frac{1}{6}$;
c) $x = -3{,}64$, $y = -5{,}91$, $z = +1{,}77$.

17. Stelle die folgenden „algebraischen Summen" als wirkliche Summen von relativen Zahlen dar:
a) $13\,m - 24\,n$; **b)** $-4\,p - 4\,q$;
c) $3\,x - 4\,y - 5\,z + 6\,u$; **d)** $-2\,a + 3\,b - 4\,c - 5\,d$.

18. Rechne im Anschluß an Aufg. 8 auf doppelte Weise:
a) $x + (7 - 7)$, **b)** $x - (7 - 7)$; **c)** $x + (a - a)$; **d)** $x - (a - a)$.
Welche Formeln ergeben sich hieraus für $x + 0$ und $x - 0$?

---

19. Untersuche die Zahlenreihen, die entstehen, wenn x in den Summen **a)** $x + 3$, **b)** $4 + x$ der Reihe nach die Werte $-8, -7, \ldots -1, 0, 1, 2, \ldots 8$ annimmt. Für welche Werte von x ist die Summe positiv, gleich Null oder negativ?

20. Desgleichen in den Differenzen **a)** $x - 5$, **b)** $7 - x$ für $x = -4, -3, \ldots 0, 1, 2, \ldots 9$. Für welche Werte von x ist die Differenz positiv, gleich Null oder negativ?

§ 6. Multiplikation von Zahlen und Produkten.

1. Was kann man für $7 + 7 + 7$ schreiben? *) Was für $a + a + a + a$? Was wird dabei aus einer Summe von gleichen Summanden? Wie heißen die Bestandteile des Produkts und was geben sie an? Was für eine Zahl muß demnach der Multiplikator sein? Was bedeutet demnach $a\,.\,b$ (auch ab geschrieben)? Geometrische Darstellung!

2. Was ergibt sich nach der Erklärung der Multiplikation für $3\,a\,.\,5$; $5\,x \cdot 6$; $17\,s \cdot 3$; $2\frac{1}{2}\,y \cdot 6$; $3\frac{3}{4}\,z \cdot 5$; $(+3) \cdot 5$; $(-4) \cdot 3$; $(+2\,x) \cdot 6$; $(-3\,y) \cdot 4$?

3. Gib in den folgenden Beispielen die Art des Ausdrucks an sowie seine Bestandteile und rechne den Wert aus:
a) $(25 - 3) \cdot 7$ und $25 - 3 \cdot 7$;
b) $3 \cdot (15 + 14)$ und $3 \cdot 15 + 14$;
c) $3 \cdot 7 - 4 \cdot 5$ und $(3 \cdot 7 - 4) \cdot 5$;
d) $3 \cdot 4 + 5 \cdot 7 - 8 \cdot 2$ und $[(3 \cdot 4 + 5) \cdot 7 - 8] \cdot 2$.

4. Desgleichen bei
a) $(a + b) \cdot c$ und $a + b \cdot c$;
b) $ab - c$ und $a \cdot (b - c)$;
c) $ab + cd$ und $(ab + c) \cdot d$ und $a\,(b + cd)$;

---

*) In dem Produkt ist der Multiplikand vor den Multiplikator zu setzen.

d) $a - bc + d$ und $(a - b)c + d$ und $(a - b)(c + d)$ und $a - b(c + d)$: für $a = 18$, $b = 5$, $c = 2$, $d = 1$.

5. a) $5m \cdot 3 - 2m \cdot 4 + 7m \cdot 9 - 4m \cdot 13$;
b) $5a \cdot 7 - (12a \cdot 3 - 13a \cdot 5)$;
c) $2x \cdot 5 - (3x \cdot 6 - 4y \cdot 7) + (5x \cdot 8 - 6y \cdot 9)$;
d) $3\frac{1}{2}p \cdot 6 - [(2\frac{3}{4}q \cdot 8 - 5\frac{2}{3}p \cdot 9) - (4\frac{5}{6}p \cdot 3 + 8\frac{1}{2}q \cdot 4)]$.

6. Welche beiden Produkte werden durch folgende Zahlengruppe dargestellt, je nachdem man in (wagerechten) Zeilen oder (senkrechten) Reihen zählt?

$$\begin{array}{r} 1 + 1 + 1 + 1 + 1 \\ + 1 + 1 + 1 + 1 + 1 \\ + 1 + 1 + 1 + 1 + 1. \end{array}$$

7. Welche allgemeine Regel und Formel folgt aus dem Ergebnis?

8. Wie schreibt man $a + a + a$ als benannte Zahl, wie als Produkt? Besteht zwischen beiden Ausdrücken ein Unterschied im Wert oder nur in der Auffassung und Schreibweise? Wie kann man daher auf Grund der vorigen Regel $3a$ je nach Bedürfnis auch als Produkt auffassen?

9. Leite aus der Zahlengruppe

$$\begin{array}{r} 4 + 4 + 4 + 4 + 4 \\ + 4 + 4 + 4 + 4 + 4 \\ + 4 + 4 + 4 + 4 + 4 \end{array}$$

durch verschiedenartiges Zählen die folgenden Gleichungen ab

$$(4 \times 5) \times 3 = (4 \times 3) \times 5 = 4 \times (5 \times 3)$$

und bilde hieraus durch Umstellung der Faktoren noch 9 weitere Ausdrücke von gleichem Wert.

10. Welche Klammern kann man in den Ergebnissen der vorigen Aufgabe weglassen, ohne den Rechensinn zu ändern? Was ergibt sich daraus für die Reihenfolge des Multiplizierens in einem Produkt aus mehreren Faktoren?

11. Welche Regel folgt aus den Ergebnissen $(4 \times 5) \times 3 = (4 \times 3) \times 5 = (5 \times 3) \times 4$ für die Multiplikation eines Produkts mit einer Zahl? Geometrische Darstellung!

12. Bestätige diese Regel für das Beispiel $(5 \times 3) \times 2 = 10 \times 3 = 6 \times 5$, indem du die Zahlengruppe 5×3 (s. Aufg. 6) das eine Mal zweimal nebeneinander, das andere Mal zweimal untereinander setzt.

13. Wie rechnet man daher am einfachsten
a) $(25 \times 33) \times 4$; **b)** $(28 \times 7) \times 5$; **c)** $(436 \times 125) \times 8$;
d) $(125 \times 29) \times 8$; **e)** $(12\frac{3}{4} \times 7) \times 4$; **f)** $(2\frac{1}{2} \times 3\frac{1}{3}) \times 9$?

14. Wie schreibt man kürzer $6 \cdot 6$, $a \cdot a$, $x \cdot x \cdot x$?
Wieviel ist daher ausgerechnet 4^2, 5^3, 2^4, 10^5?

15. Was gibt demnach $a^2 \cdot a$, $x \cdot x^3$, $y^2 \cdot y^3$, $2^4 \cdot 2^5$?

16. Fasse $3a$ usw. als Produkt auf (s. 8) und rechne mit Anwendung der Regel aus 11:

a) $3a \cdot 7$; **b)** $5ax \cdot 12$; **c)** $2\frac{1}{2}p \cdot 8$; **d)** $3{,}4\,mn \cdot 9$; **e)** $15a \cdot a$; **f)** $3ax \cdot x$; **g)** $3ax \cdot a$; **h)** $7x^2 \cdot x$; **i)** $2p^3 \cdot p^2$.

17. Welche Regel folgt aus den Ergebnissen der Aufgabe 9

$$4 \times (5 \times 3) = (4 \times 5) \times 3 = (4 \times 3) \times 5$$

für die Multiplikation einer Zahl mit einem Produkt?

18. Wie rechnet man daher am kürzesten
a) $25 \times (4 \times 9)$; **b)** $8 \times (67 \times 125)$; wie entsprechend **c)** 25×64; **d)** 125×56; **e)** 35×14; **f)** 75×28?

19. Weshalb kann in dem Beispiel $3a \cdot 4b$ der Multiplikator $4b$ nicht als benannte Zahl aufgefaßt werden? Was ergibt sich, wenn $4b$ als das Produkt $4 \cdot b$ angesehen wird?

20. **a)** $12x \cdot 4y$; **b)** $2\frac{1}{2}a \cdot 8b$; **c)** $4{,}2\,m \cdot 5n$; **d)** $a \cdot 3b$; **e)** $3a \cdot b$; **f)** $5a^2 \cdot 3a$; **g)** $3a^2 \cdot 5a^2$; **h)** $3x^3 \cdot 3x^2$; **i)** $3\frac{3}{4}z^3 \cdot 2z^2$; **k)** $2{,}3\,y^4 \cdot 4{,}2\,y^2$.

21. **a)** $5ax \cdot 6a$; **b)** $11a^2x \cdot 3bx$; **c)** $3\frac{2}{3}x^2 \cdot 5ax$; **d)** $\frac{5}{12}a^2x \cdot 4abx^2$;
e) $3a \cdot 4\frac{1}{2}b - (\frac{3}{4}a \cdot \frac{2}{5}b - \frac{1}{2}a \cdot 1\frac{1}{5}b)$;
f) $(2\frac{1}{2}x \cdot 3y - \frac{3}{5}u \cdot \frac{2}{3}v) - (\frac{3}{4}u \cdot 1\frac{1}{5}v + 1\frac{1}{4}x \cdot 2y)$.

22. **a)** $14m^2 \cdot 3m - 5m \cdot 2m^2 - 7m \cdot 3m + 2m \cdot 4m$;
b) $13x^4 - (5x^3 \cdot 2x - 4x^2 \cdot 3x^2) + (3x^2 \cdot 5x^2 - 4x \cdot 6x^3)$;
c) $14ay^2 \cdot \frac{2}{3}a^2y - (3\frac{1}{2}a^2y^2 \cdot 4ay + \frac{2}{3}a^3y \cdot \frac{5}{6} \cdot y)$;
d) $[(1\frac{2}{3}ax^3 \cdot 9a - 2\frac{3}{4}ax^2 \cdot 12ax) - 17a^3x^2]$
$- [24a^2x \cdot 3ax - (3\frac{5}{8}x^3 \cdot 4a^2 - 7\frac{1}{2}x^2 \cdot 3a^2x)]$.

23. Was gibt nach der Erklärung der Multiplikation
a) 0×4; **b)** 0×7; **c)** $0 \times a$; **d)** $(+3) \cdot 4$; **e)** $(+4a) \cdot 6$; **f)** $(+a) \cdot b$; **g)** $(-5) \cdot 3$; **h)** $(-a) \cdot 3$; **i)** $(-5a) \cdot 6$; **k)** $(-a) \cdot b$?

24. Setze die Reihe $5 \times 4 = 20$, $5 \times 3 = 15$, $5 \times 2 = 10$ sinngemäß bis zu $5 \times (-3)$ fort, ebenso die Reihe $a \times 4 = 4a$, $a \times 3 = 3a$, $a \times 2 = 2a$ bis zu $a \times (-3)$. Was ergibt sich daraus für den Sinn, den man 5×0, $5 \times (-3)$, $a \times 0$, $a \times (-3)$ beilegen muß? Vergleiche diese Ergebnisse mit denen, die man bei Vertauschung der Faktoren erhalten würde.

25. Welchen Einfluß hat also der Faktor 0 auf den Wert des Produkts und welchen Einfluß ein negativer Faktor?

26. **a)** $12 \cdot (-3)$; **b)** $x \cdot (-4)$; **c)** $2a \cdot 0$; **d)** $3b \cdot (-5)$; **e)** $4ay \cdot (-3a)$.

27. **a)** $(-3) \cdot 5 + 6 \cdot (-2) - 12 \cdot (-5)$;
b) $13 \cdot 0 + 0 \cdot 5 - 7 \cdot (-1) + 1 \cdot (-15)$;
c) $(-3a) \cdot 4b - 5a \cdot (-2b) + (-4a) \cdot 5b$;
d) $(-7a^2x) \cdot 4x^2 - 5ax^2 \cdot (-2ax) + 12a^3x$.

28. Was gibt
a) $a + b \cdot c$ für $a = 12$, $b = -3$, $c = 4$;
b) $ab - cd$ " $a = 8$, $b = -5$, $c = -6$, $d = 4$;

c) $(a b - c) \cdot d$ für $a = 7,\ b = -3,\ c = -4,\ d = 5$;
d) $a - (b + c) \cdot d$ „ $a = 18,\ b = -5,\ c = 8,\ d = -4$?

---

29. Untersuche die Zahlenreihen, die entstehen, wenn x in den Ausdrücken **a)** $3x$, **b)** $-2x$, **c)** $2x - 6$, **d)** $-3x + 9$ der Reihe nach die Werte $-5, -4, \ldots -1, 0, 1, \ldots 5$ durchläuft. Für welche Werte von x werden die Ausdrücke positiv, gleich Null oder negativ?

§ 7. Multiplikation mehrgliedriger Ausdrücke.

1. Wie rechnet man 17×3, 23×5, 45×7 im Kopf aus?

2. Bestätige diese Rechnungsweise, indem du nach der Erklärung der Multiplikation bildest $(a + b) \cdot 3$, $(3x + 4y) \cdot 5$. Geometrische Darstellung!
Welche Formel und Regel ergibt sich hieraus für die Multiplikation einer Summe mit einer Zahl? Geometrische Darstellung!

3. **a)** $(m + n) \cdot 3$; **b)** $(a + b) \cdot x$; **c)** $(3x + 4y) \cdot 6$; **d)** $(4a + 5b) \cdot 7x$; **e)** $(2\frac{1}{2}a + 3\frac{3}{4}b) \cdot 8n$; **f)** $(\frac{2}{3}p + \frac{3}{4}q) \cdot \frac{4}{5}m$; **g)** $(1\frac{2}{3}u + 2\frac{3}{4}v) \cdot 12uv$.

4. Wie rechnet man am besten 99×4, 198×7 im Kopf aus?

5. Bestätige auch diese Rechnungsweise, indem du $(a - b) \cdot 4$, $(7m - 2n) \cdot 3$ bildest. Welche Formel und Regel ergibt sich hieraus für die Multiplikation einer Differenz mit einer Zahl? Geometrische Darstellung!

6. **a)** $(p - q) \cdot 6$; **b)** $(x - y) \cdot a$; **c)** $(2u - 7v) \cdot 1\frac{1}{2}$; **d)** $(5a - 2\frac{1}{2}b) \cdot 4x$; **e)** $(12\frac{1}{2}t - 3\frac{5}{6}u) \cdot 8v$; **f)** $(14{,}5\,ax - 3{,}7\,bx) \cdot 2{,}5\,x$; **g)** $(3a^2 b - 4ab^3) \cdot 2ab$.

7. Bilde nach der Erklärung der Multiplikation $(a + b - c) \cdot 3$, $(4x - 5y + 6z) \cdot 4$. Welche Formel und Regel ergibt sich hieraus für die Multiplikation einer algebraischen Summe mit einer Zahl?

8. **a)** $(2a - 3b + 5c) \cdot 7$; **b)** $(3x - 4y - 5z + 6t) \cdot 12a$; **c)** $(2\frac{1}{2}m - 3\frac{5}{6}n + 8\frac{2}{3}) \cdot 12m$; **d)** $(3{,}4\,p - 12{,}12\,q - 5{,}62\,r) \cdot 8q$; **e)** $(1\frac{2}{3}ax - 2\frac{3}{4}bx + 5\frac{1}{6}cx) \cdot 12a$; **f)** $(3a^2 y + 5ay^2 - 6a^2 y^2) \cdot 5ay$; **g)** $(4x^2 y - 6xy^2 + 8y^3) \cdot 5xy$.

9. **a)** $12ab - (2a + 7b - 4c) \cdot 6b$; **b)** $15a^2 - (3a - 4b + 8c) \cdot 5a$;
c) $(3m - 4n + 5p) \cdot 5n - (5m + 3n - 6p) \cdot 3n$;
d) $35a^3 - (5a^2 - 3ab + 6ac) \cdot 7a$; **e)** $25a^2 x^3 - (3ax - 7) \cdot 9ax^2$;
f) $(\frac{2}{3}x - \frac{3}{4}y) \cdot 24x - (\frac{3}{5}x + \frac{1}{2}y) \cdot 10y$;
g) $(1\frac{2}{3}a - 2\frac{1}{2}b) \cdot 5a + (2\frac{2}{3}a - 3\frac{1}{4}b) \cdot 2b$;
h) $(\frac{4}{5}p^2 q - \frac{2}{3}pq^2) \cdot 12p - (\frac{3}{4}p^2 - \frac{5}{6}pq) \cdot 24pq$;
i) $(2\frac{3}{7}a^2 - 2\frac{1}{3}ab) \cdot 21b - (2\frac{3}{4}a + 3\frac{5}{6}b) \cdot 12ab$;
k) $48\frac{1}{3}x^2 y^2 + (5\frac{1}{2}x^2 - 2\frac{2}{3}a^2) \cdot 3y^2 - (3\frac{1}{4}y^2 + 2\frac{3}{5}a^2)\,6x^2$.

10. Welche Formeln folgen aus 2, 5 und 7 für $x \cdot (a + b)$, $x \cdot (a - b)$ und $x \cdot (a + b - c)$? Weshalb kann man die zugehörigen Regeln entbehren?

11. **a)** $3a - 2(4a - 5b + 6c) + 9 \cdot (3a - 2b) - 5(4b - 3c)$;
b) $15a(3x - 4y + 7z) - 5a(9x - 3y + 2z) + 12y$;
c) $2a^2b(8ab^3 - 6b^3) - 3ab^2(8a^3b - 4ab^2)$;
d) $12r - [2r(1 - 4a) - 10r(a - 1)]$;
e) $32a^2 - [2a(16a - 4b) + 3b(12a + 5b)] + 15b^2$.

12. Welche Formeln und Regeln ergeben sich durch Umkehrung der Formeln von 10 für die Umwandlung von Summen, Differenzen und algebraischen Summen in Produkte? (Ausklammern, Absondern).

13. **a)** $ap + bp$; **b)** $mx - nx$; **c)** $mz + nz - pz$; **d)** $ab + bc$;
e) $ax - xyz$; **f)** $abc + bcd + cde$.

14. **a)** $12a + 16b$; **b)** $12m - 18n$; **c)** $\frac{4}{7}x - \frac{6}{7}y + \frac{8}{7}z$;
d) $24ax - 36bx$; **e)** $5a^2 + 25ab - 35ac$;
f) $135p^2q - 45pq^2 + 60p^2q^2$; **g)** $4x^2yz^3 - 6x^3y^2z - 12x^2yz$;
h) $1\frac{1}{5}a^2bc + 2\frac{2}{5}ab^2c - 3\frac{3}{5}abc^2$.

15. **a)** $17x - 25ab - 15ac$; **b)** $23z - 14ax - 21bx + 28cx$;
c) $3m + 18ax - 27bx - 14cy + 21cz - 28ct$;
d) $25ap - 30bp - 34rs - 51st$;
e) $8m - \frac{5}{6}x^3y - 4\frac{1}{6}x^2y + 5\frac{5}{6}xy^2$.

16. Wie rechnet man 12×17 (auf 2 Arten)? Rechne in derselben Weise $(a + b)(x + y)$, indem du das eine Mal die Summe $a + b$ mit der Zahl $x + y$, das andere Mal die Summe $x + y$ mit der Zahl $a + b$ multiplizierst. Geometrische Darstellung!

17. Welche Formel ergibt sich daraus und ebenso für $(a + b)(x - y)$, $(a - b)(x + y)$, $(a - b)(x - y)$, $(a + b - c)(x - y + z)$? Allgemeine Regel (Zeichenregel), geometrische Darstellung!

18. **a)** $(m + n)(p - q)$; **b)** $(p - q + r)(a - b)$;
c) $(a - m)(b + x - y)$; **d)** $(m - n - p)(a - b + c)$.

19. **a)** $(3a + 4b)(x - y)$; **b)** $(2\frac{1}{2}m - 3\frac{3}{4}n)(8a - 12b)$;
c) $(\frac{2}{3}x^2 - \frac{3}{4}xy) \cdot (12x + 10y)$;
d) $(2{,}4x - 3{,}5y + 6{,}3z)(5x - 2y + 3z)$;
e) $(\frac{2}{3}p + \frac{3}{4}q - \frac{5}{6}r)(2\frac{2}{5}p - 1\frac{1}{3}q + 6r)$.

20. **a)** $(12a^2 - 3ab - 4b^2)(2a - 5b)$;
b) $(\frac{2}{3}x^3 + \frac{1}{2}x^2y - \frac{3}{4}xy^2)(1\frac{1}{5}x - 1\frac{1}{2}y)$;
c) $(2\frac{1}{2}a^3b^2 - 1\frac{1}{4}a^2b^3)(\frac{2}{5}ab + \frac{3}{5}b^2)$;
d) $(3{,}6x^2 + 1{,}7xy - 2{,}3y^2)(1{,}2x - 2{,}4y)$.

21. Was gibt $(a + b)(a + b)$, $(a - b)(a - b)$ und $(a + b)(a - b)$? Geom. Darstellung. Rechne hiernach 52^2, 76^2, 49^2, 98^2, $17 \cdot 23$, $52 \cdot 48$, $86 \cdot 74$.

22. **a)** $(m + n)^2$; **b)** $(p - q)^2$; **c)** $(x + y)(x - y)$; **d)** $(2m - n)^2$;
e) $(p + 3q)^2$; **f)** $(3x + 2y)(3x - 2y)$.

23. **a)** $(3a + 4b)^2$; **b)** $(5x - 6y)^2$; **c)** $(\frac{2}{3}m - \frac{3}{4}n)^2$;
d) $(1\frac{1}{2}p + 2\frac{2}{3}q)(1\frac{1}{2}p - 2\frac{2}{3}q)$; **e)** $(12{,}5x + 3{,}2y)^2$; **f)** $(2x^2 - 3xy)^2$;
g) $(3ab + 6b^2)^2$; **h)** $(\frac{2}{7}a^2b + 1\frac{3}{4}ab^2)^2$.

24. a) $(a + b + c)^2$; **b)** $(a - b + c)^2$; **c)** $(a + b - c)^2$;
d) $(a - b - c)^2$. Regel!

25. a) $(3x - 4y + 5z)^2$; **b)** $(\frac{2}{3}p + \frac{3}{4}q - \frac{5}{6}r)^2$;
c) $(m + n - p)(m + n + p)$; **d)** $(m + n - p)(m - n + p)$.

26. a) $12a^2 - (3a - 5b)(4a + 2b)$; **b)** $40a^2 - (5a + 3b)^2$;
c) $48x^2y - (4x^2 - 5y)(12y + 3x)$; **d)** $36m^4 + (2m^2 - 3mn)^2$.

27. a) $(3a - 4b)(5a - 2b) - (2a + 8b)(3a - 5b)$;
b) $(3x - 2y) \cdot (4x + 5y) - (2x + 3y)(5x - 4y)$;
c) $(2x - 3y + 4z)(3x + 4y - 5z) - (4x - 5y + 6z)(x - y - z)$;
d) $(5a - 6b)^2 - (4a + 3b)^2$;
e) $(4x + 3y)^2 - (4x - 3y)^2 + (4x + 3y)(4x - 3y)$.

28. Verwandle durch wiederholtes Absondern die folgenden algebraischen Summen in Produkte:
a) $15ax + 18ay - 20bx - 24by$;
b) $6a^2b^2 - 15b^2p - 22a^2q + 55pq$;
c) $45a^2xy - 60abx^2 - 104b^2xy + 78aby^2$;
d) $91a^4b + 52a^3b^2 - 35a^2b^3 - 20ab^4$.

29. Welche Produkte ergeben sich nach den Umkehrungen der Formeln in 21 für
a) $4x^2 - 4xy + y^2$; **b)** $16m^2 + 24mn + 9n^2$; **c)** $\frac{4}{9}a^2 - \frac{9}{16}b^2$;
d) $25a^2x^2 - 36b^2y^4$; **e)** $9p^3q - 42p^2q^2 + 49pq^3$?

30. Stelle in der Gleichung $(a - b)(x - y) = ax - ay - bx + by$ die rechte Seite und die Faktoren der linken Seite als Summen von algebraischen Zahlen dar und bestimme auf Grund der Regel in 17, welchen Sinn man den Produkten $(+a) \cdot (+x)$; $(+a) \cdot (-y)$; $(-b) \cdot (+x)$; $(-b) \cdot (-y)$ beilegen muß.

31. a) $(-7) \cdot (+3) + (+5) \cdot (-6) - (-3) \cdot (-4)$;
b) $(+8) \cdot (-9) - (-4) \cdot (+16) + (-9) \cdot (+25)$;
c) $(+a) \cdot (-x) + (-a) \cdot (-x) - (-a) \cdot (-x)$;
d) $(+2a) \cdot (+3b) - (-5a) \cdot (+6b) + (-8a) \cdot (-2b)$.

32. Welchen Wert nehmen die Ausdrücke **a)** $ab - cd$; **b)** $(ab - c)d$; **c)** $(a - bc)d$; **d)** $a - (b - c)d$ an für α) $a = +3, b = -4, c = -2, d = -5$; β) $a = -6, b = -3, c = +4, d = -1$; γ) $a = -2, b = 0, c = +5, d = -1$?

§ 8. Division von Zahlen und Produkten.

1. Wie unterscheiden sich die Divisionen 12 *cm* : 3 und 12 *cm* : 4 *cm* in der Fragestellung und im Ergebnis? Welche beiden Arten der Division gibt es demnach? Wie ergeben sich diese beiden Arten durch Umkehrung der Multiplikation 4 *cm* × 3 = 12 *cm*? Bezeichnungen, Divisionsprobe, geometrische Darstellung.

2. Wie faßt man am besten $18x : 3$ und $18x : 3x$ auf? Weshalb kann man $18 : 3$ auf beide Arten auffassen? (Fragestellung). Was gibt nach beiden Arten $7 : 7$, $a : a$, $4x : 4x$? Welche Auffassung paßt für $0 : 6$, $0 : a$, und welches ist das Ergebnis?
3. Was gibt $(13 \times 7) : 7$, $(a \times 8) : 8$, $(ab) : b$, $(14 : 7) \times 7$, $(a : 6) \cdot 6$, $(a : b) \cdot b$? Inwiefern zeigt sich also, daß Multiplizieren und Dividieren entgegengesetzte Rechnungsarten sind?
4. Rechne aus **a)** $(a + b) : c$; **b)** $a + b : c$; **c)** $a : (b + c)$; **d)** $a : b + c$ für $a = 72$, $b = 12$, $c = 6$. Um welche Ausdrücke pflegt man also die Klammern fortzulassen?
5. **a)** $12x : 3$; **b)** $24a : 8a$; **c)** $14m : 2 + 21m : 7 - 15m : 3$; **d)** $25a : 5a - 144b : 18b + 26c : 2c$.
6. Welchen Werten müssen mit Rücksicht auf die Probe die folgenden Quotienten gleichgesetzt werden:
   a) $(+12) : (+4)$; **b)** $(+12) : (-6)$; **c)** $(-24) : (+8)$; **d)** $(-24) : (-12)$?
7. **a)** $(+36a) : (-12a)$; **b)** $(-48x) : (+8)$;
   c) $(-25z) : (-5z)$; **d)** $(+42a) : (+6)$;
   e) $(-27z) : (+3) - (+48z) : (-8) + (-4z) : (+2)$;
   f) $(+28u) : (-7u) - (-36v) : (-3v) - (+63w) : (+9w)$.
8. Rechne aus: **a)** $(a - b) : c$; **b)** $a - b : c$; **c)** $a : b + c : d$;
   d) $(a - b) : (c + d)$ für $a = +24$; $b = -12$; $c = -6$; $d = +3$.
9. Stelle das Produkt 6×8 (entsprechend § 6, 6) aus seinen Einheiten dar und teile es aus zwei Arten in 2 gleiche Teile, ebenso 6×9 in 3 gleiche Teile. Was gibt also $(6 \times 8) : 2$ und $(6 \times 9) : 3$? Wie wird demnach ein Produkt durch eine Zahl dividiert? Formel, geometrische Darstellung.
10. Was gibt also auch aus diesem Grunde $12a : 3$, wenn man $12a$ als Produkt auffaßt? Was ferner
    a) $12ax : a$; **b)** $12ax : x$; **c)** $12ax : 3a$; **d)** $12ax : 4x$; **e)** $a^2 : a$; **f)** $a^3 : a$; **g)** $a^3 : a^2$; **h)** $6a^2 : 3a$; **i)** $28a^3 : 7a^2$; **k)** $a(x + y) : a$; **l)** $a(x + y) : (x + y)$; **m)** $(a + b)(x - y) : (a + b)$?
11. Verwandle vor Ausführung der folgenden Divisionen den Dividenden in ein Produkt:
    a) $(44x - 52y) : (11x - 13y)$; **b)** $(18a^2 - 81ax) : (2a - 9x)$;
    c) $(91a^2x - 52x^3) : (7a^2 - 4x^2)$;
    d) $(60am - 45an + 75ap) : (4m - 3n + 5p)$.
12. Desgleichen in folgenden Aufgaben:
    a) $(18ax + 12ay - 30bx - 20by) : (3a - 5b)$;
    b) $(14a^3 - 28a^2b - 7a^2b^2 + 14ab^3) : (a - 2b)$;
    c) $(p^2 - 2pq + q^2) : (p - q)$; **d)** $(m^2 - n^2) : (m + n)$;
    e) $(25a^2 + 20ab + 4b^2) : (5a + 2b)$; **f)** $(18a^2 - 98x^2) : (3a - 7x)$;
    g) $(108p^2q - 75q^3) : (6p + 5q)$.

13. Untersuche die Zahlenreihen, die entstehen, wenn in den Ausdrücken **a)** $\frac{x}{3}$; **b)** $\frac{x}{5}$; **c)** $\frac{x}{a}$ für x die Werte $-5, -4, \ldots$ bis $+5$ gesetzt werden.

14. Untersuche die Zahlenreihen, die entstehen, wenn in den Ausdrücken **a)** $\frac{1}{x}$; **b)** $\frac{4}{x}$; **c)** $\frac{a}{x}$ für x die Werte
α) $1, 2, 3, 4 \ldots$, β) $-1, -2, -3, -4 \ldots$,
γ) $1, \frac{1}{2}, \frac{1}{4}, \frac{1}{8}, \frac{1}{16} \ldots$, δ) $-1, -\frac{1}{2}, -\frac{1}{4}, -\frac{1}{8}, -\frac{1}{16} \ldots$
gesetzt werden.

15. Untersuche die Zahlenreihen, die entstehen, wenn in dem Ausdruck $\frac{x}{y}$ für x die Werte $1, \frac{1}{2}, \frac{1}{4}, \frac{1}{8}, \frac{1}{16}$ usw. gesetzt werden und wenn gleichzeitig **a)** y stets ebenso groß, **b)** y stets doppelt so groß, **c)** y stets dreimal so klein wie x ist.

16. Welche Formeln ergeben sich aus 13—15 für **a)** $\frac{0}{a}$; **b)** $\frac{a}{0}$; **c)** $\frac{0}{0}$?

§ 9. Division mehrgliedriger Ausdrücke. Aufsuchung des größten gemeinschaftlichen Teilers und des kleinsten gemeinschaftlichen Vielfachen.

1. Wie dividiert man (im Kopf) 136 : 4, 225 : 25, wie also eine Summe durch eine Zahl? Beweise die Richtigkeit der Division $(a + b) : c = a : c + b : c$ durch die Probe. Regel.

2. Wie dividiert man am einfachsten (im Kopf) 396 : 4, wie also eine Differenz durch eine Zahl? Beweise die Richtigkeit der Division $(a - b) : c = a : c - b : c$, ebenso die der Division $(a + b - c) : x = a : x + b : x - c : x$ durch die Probe. Regel.

3. **a)** $(12a + 18b - 24c) : 6$; **b)** $(24x - 36y + 48z) : 12$;
c) $(25ax - 35bx - 45cx) : 5x$; **d)** $(18a^2b - 24ab^2) : 6ab$.

4. **a)** $(9m - 10n + 11p - 12q) : 3$; **b)** $(\frac{3}{4}a - \frac{4}{5}b + \frac{5}{6}c) : 2$;
c) $(2\frac{1}{2}x + 3\frac{1}{3}y - 4\frac{1}{4}z) : 5$; **d)** $(3{,}2u - 2{,}6v + 7{,}1w) : 4$.

5. **a)** $(3\frac{3}{5}a - 2\frac{2}{3}b) : 4 - (1\frac{7}{8}a - 3\frac{1}{3}b) : 10$;
b) $(12{,}4x + 8{,}6y) : 8 + (7{,}2x - 2{,}7y) : 9$;
c) $(3m - 4n) : \frac{2}{3} - (4m - 5n) : \frac{3}{4}$;
d) $(\frac{1}{2}p + \frac{2}{3}q) : \frac{3}{4} - (\frac{4}{5}p - \frac{5}{6}q) : \frac{6}{7}$.

6. Wie kann (der Multiplikation als einer wiederholten Addition entsprechend) die Division als eine wiederholte Subtraktion aufgefaßt werden? Führe die Divisionen 3551 : 53 und 2740932 : 7428 schriftlich aus und zeige, daß man dabei tatsächlich die Frage beantwortet hat: Wievielmal läßt sich der Divisor vom Dividenden subtrahieren?

7. Rechne entsprechend aus: **a)** $(a^2 + 2ab + b^2) : (a + b)$;
b) $(8ae + 10af + 12be + 15bf) : (4e + 5f)$;
c) $(91ax + 65ay + 63bx + 45by) : (13a + 9b)$;
d) $(18ax + 24bx + 30cx - 21ay - 28by - 35cy) : (6x - 7y)$;
e) $(45a^2 + 54ab - 35b^2) : (15a - 7b)$;
f) $(225ax - 153bx - 175ay + 119by) : (25a - 17b)$;
g) $(27ax - 63ay + 72az - 33bx + 77by - 88bz) : (9a - 11b)$;
h) $(a^2 - 2ab + b^2) : (a - b)$; **i)** $(a^2 - b^2) : (a + b)$;
k) $(48x^2 - 75y^2) : (4x + 5y)$;
l) $(12a^2 - 84ab + 147b^2) : (2a - 7b)$;
m) $(40m^2 - 101mn + 63n^2) : (8m - 9n)$;
n) $(36a^3 - 123a^2b + 130ab^2 - 40b^3) : (12a^2 - 25ab + 10b^2)$:
o) $(3a^2 - \frac{5}{12}ab - 2b^2) : (\frac{3}{4}a - \frac{2}{3}b)$;
p) $(6x^2 + 4\frac{3}{10}xy - 4y^2) : (\frac{2}{5}x + \frac{1}{2}y)$.

8. Welche von den folgenden Divisionen gehen auf, welche nicht? Bildungsgesetze.
a) $(x^3 \pm y^3) : (x \pm y)$; **b)** $(x^4 \pm y^4) : (x \pm y)$;
c) $(x^5 \pm y^5) : (x \pm y)$; **d)** $(x^6 \pm y^6) : (x \pm y)$.

9. Welches ist der größte gemeinschaftliche Teiler von
a) 21, 28, 42; **b)** 54, 90, 128; **c)** a^3b, a^2b^2, ab^3;
d) $42x^4$, $63x^3y$, $105x^2y^2$?

10. Desgleichen von: **a)** $12a - 16b$, $18a - 24b$; $24a - 32b$;
b) $8x - 10y$, $12x - 15y$, $16x - 20y$;
c) $28ax + 42ay$, $12bx + 18by$, $10cx + 15cy$;
d) $30a^2 - 12ab$, $70a^2 - 28ab$, $105a^2 - 42ab$.

11. Desgleichen von:
a) $15ax + 18ay - 20bx - 24by$, $6ax - 21ay - 8bx + 28by$;
b) $a^2 - b^2$, $6a^2 + 6ab$, $5ab + 5b^2$;
c) $9x^2 - 16y^2$, $9x^2 - 24xy + 16y^2$;
d) $8am - 14an - 12bm + 21bn$, $12a^2x - 27b^2x$.

12. Durch welche wiederholten Divisionen kann der größte gemeinschaftliche Teiler bestimmt werden zu **a)** 261 und 203; **b)** 703 und 851; **c)** 573 und 289; **d)** 7837 und 5967?
Vergleiche dieses Verfahren mit der Art und Weise, wie man das größte gemeinschaftliche Maß zu zwei Strecken bestimmt.

13. Das kleinste gemeinschaftliche Vielfache zu suchen zu:
a) 9, 12, 8; **b)** 15, 12, 30; **c)** 48, 36, 60; **d)** ab, bc, cd;
e) a^2, ab, b^2; **f)** $12ax$, $18bx$, $24cx$.

14. Desgleichen zu den Ausdrücken in den Aufgaben 10—12.

§ 10. Bruchrechnung.

1. Wann entstehen bei der Division Brüche? Was bedeutet $\frac{1}{4}, \frac{1}{9}, \frac{1}{a}, \frac{1}{x}$? Inwiefern kann man $\frac{3}{4}, \frac{2}{9}, \frac{5}{a}, \frac{a}{x}$ als benannte Zahlen auffassen? (Stückzahl Benennung.) Welche andere Auffassung ist aber mit Rücksicht auf die Entstehung durch Division auch möglich? Geometrische Darstellung.

2. Welche Auffassung ist zweckmäßig in den folgenden Beispielen, und was gibt demnach: $\frac{4}{7}+\frac{2}{7}, \frac{8}{9}-\frac{4}{9}, \frac{6}{a}+\frac{7}{a}, \frac{13}{x}-\frac{12}{x}$? Regel, Formel.

3. a) $\frac{a}{x}+\frac{b}{x}$; b) $\frac{5a}{y}-\frac{2a}{y}$; c) $\frac{4a}{3b}-\frac{2a}{3b}+\frac{9a}{3b}$; d) $\frac{2m}{pq}-\frac{5m}{pq}+\frac{4m}{pq}$;
e) $\frac{a^2}{a-b}-\frac{b^2}{a-b}$; f) $\frac{18x}{3x-4y}-\frac{24y}{3x-4y}$; g) $\frac{10a^2}{2a+3b}+\frac{15ab}{2a+3b}$.

4. a) $\frac{3x-4y}{x}+\frac{2x+4y}{x}$; b) $\frac{15a-16b}{3a-5b}-\frac{3a+4b}{3a-5b}$;
c) $\frac{45m-13n+4p}{7p}-\frac{68m+9n-72p}{7p}+\frac{23m+22n-48p}{7p}$;
d) $\frac{10a^3-13a^2b}{ab}+\frac{13a^2b+16ab^2}{ab}-\frac{16ab^2+9b^3}{ab}$.

5. Zeige durch eine geometrische Darstellung (z. B. durch Strecken- oder Kreisteilung), daß die Zwölftel dreimal so klein sind wie die Viertel usw.

6. Einen Bruch kann man dadurch offenbar zweimal so groß machen, daß man die Stückzahl verdoppelt oder die Stücke selbst doppelt so groß macht. Wie kann man daher $\frac{3}{4}$ mit 2 multiplizieren? Regel, Formel.

7. Was gibt daher: a) $\frac{m}{n}\cdot x$; b) $\frac{2a}{x}\cdot 3$; c) $\frac{a}{12x}\cdot 4$; d) $\frac{12x}{3a^2}\cdot a^2$?

8. Einen Bruch kann man dadurch offenbar dreimal so klein machen, daß man die Stückzahl oder die Stücke selbst dreimal so klein macht. Wie kann man daher $\frac{6}{8}$ durch 3 dividieren? Regel, Formel.

9. Was gibt demnach a) $\frac{6}{a}:2$; b) $\frac{12ax}{7}:6a$; c) $\frac{3x}{14a}:7$;
d) $\frac{5b}{8mn}:2m$?

10. a) $\frac{3a}{14x-21y}\cdot 7$; b) $\frac{15ax-20bx}{2m}:5x$; c) $\frac{a^2-b^2}{a^2+b^2}:(a-b)$;
d) $\frac{x-y}{3a+6b}\cdot(a+2b)$; e) $\frac{35a^2x}{9y^2+12yz}\cdot 3y$;

f) $\frac{28a^2bx^2 - 21ab^2x}{15yz} : 7abx$.

11. Wie ändert sich also der Wert eines Bruches, wenn man Zähler und Nenner mit derselben Zahl multipliziert oder durch dieselbe Zahl dividiert? Bezeichnungen; geometrische Darstellung.

12. Erweitere die folgenden Brüche mit 3, a, ab, x^2:

a) $\frac{4}{7}$; b) $\frac{m}{n}$; c) $\frac{a}{z}$; d) $\frac{x}{4}$; e) $\frac{2a}{5}$; f) $\frac{7a^2}{n}$.

13. Ergänze die folgenden Rechnungen:

a) $\frac{5}{6} = \frac{10}{\ } = \frac{\ }{18} = \frac{\ }{12a} = \frac{25ax}{\ }$; b) $\frac{x}{y} = \frac{ax}{\ } = \frac{\ }{y^2} = \frac{3ax^2}{\ }$;

c) $\frac{2a}{7x} = \frac{12a}{\ } = \frac{\ }{21x^2} = \frac{8a^2b}{\ }$; d) $\frac{a-b}{a+b} = \frac{a^2-b^2}{\ } = \frac{\ }{ax+bx}$.

14. Kürze die folgenden Brüche:

a) $\frac{125}{225}$; b) $\frac{4a}{6b}$; c) $\frac{15a^2}{25ab}$; d) $\frac{28a^2xy^2}{35ax^2y}$; e) $\frac{15ab \cdot 25x^2}{5ax}$;

f) $\frac{35a^3bx^2}{49ab^2x}$.

15. Desgleichen: a) $\frac{9a - 15b}{12x}$; b) $\frac{12m - 72n}{6n}$; c) $\frac{42a^2 - 49ab}{14a}$;

d) $\frac{39ax^2}{26a^2x - 65ax^2}$; e) $\frac{15a^2x}{25ax^2 - 30a^2x}$.

16. a) $\frac{12p - 16q}{15p - 20q}$; b) $\frac{12ax - 15ay}{20bx - 25by}$; c) $\frac{120r^2 - 105rs}{56rs - 49s^2}$;

d) $\frac{a^2 - b^2}{4a + 4b}$; e) $\frac{4x - 6y}{4x^2 - 9y^2}$.

17. a) $\frac{3ax - 6bx + 9cx}{4ay - 8by + 12cy}$; b) $\frac{12a^2x - 24abx + 36acx}{8abx - 16b^2x + 24bcx}$;

c) $\frac{24a^3x - 30a^2bx + 36ab^2x}{36a^2bx - 45ab^2x + 54b^3x}$; d) $\frac{3ax - 6bx - 4ay + 8by}{3ax - 4ay - 9bx + 12by}$;

e) $\frac{15am + 20an - 18bm - 24bn}{9am + 12an + 21bm + 28bn}$;

f) $\frac{8a^3x - 16abx - 12a^2x^2 + 24bx^2}{24a^2x - 36ax^2 - 12abx + 18bx^2}$.

18. a) $\frac{a^2 + 2ab + b^2}{ax + bx}$; b) $\frac{3a^2 - 3b^2}{4ay - 4by}$; c) $\frac{10x - 8y}{25x^2 - 16y^2}$;

d) $\frac{4x^2 - 6xy}{4x^2 - 12xy + 9y^2}$; e) $\frac{36p^3 - 120p^2q + 100pq^2}{54p^2q - 150q^3}$;

f) $\frac{x^3 + y^3}{x^2 - y^2}$; g) $\frac{x^4 - y^4}{x^3 - y^3}$. Zu f und g vgl. § 9, A. 8.

19. Führe folgende Additionen und Subtraktionen nach Gleichnamigmachung der Nenner aus:

a) $\frac{3}{4}+\frac{5}{6}$; b) $\frac{a}{10}-\frac{a}{15}$; c) $\frac{3x}{4}+\frac{2x}{3}-\frac{5x}{12}$; d) $\frac{5}{6a}-\frac{3}{5a}$;

e) $\frac{7x}{12a}+\frac{9x}{8a}$; f) $\frac{a}{b}+\frac{m}{n}$; g) $\frac{a}{b}+c$; h) $\frac{4}{a^2}-\frac{3}{ab}+\frac{2}{b^2}$;

i) $\frac{x}{a}+\frac{y}{b}-\frac{z}{c}$; k) $\frac{c}{ab}-\frac{b}{ac}+\frac{a}{bc}$; l) $\frac{5m}{12x^2}-\frac{7n}{16xy}+\frac{11p}{24y^2}$.

20. a) $\frac{a+b}{a}+\frac{a-b}{b}$; b) $\frac{a^2-x^2}{x^2}-\frac{a-x}{x}$; c) $\frac{2a-3b}{8a}-\frac{3a-4b}{12a}$;

d) $\frac{3a-4b}{12x}-\frac{a+2b}{8x}$; e) $\frac{6x-9y}{10x}-\frac{3x+4y}{15y}+\frac{x^2-3xy+2y^2}{20xy}$.

21. a) $\frac{5}{4a+6b}+\frac{4}{6a+9b}$; b) $\frac{2x-3y}{6a+8b}-\frac{3x-4y}{9a+12b}$;

c) $\frac{2a+b-6c}{18x-24y+36z}-\frac{3a+b-9c}{27x-36y+54z}$;

d) $\frac{13x-5y}{12x-15y}-\frac{8x+3y}{8x-10y}+\frac{x-7y}{20x-25y}$;

e) $\frac{4x-9}{20x^2-28xy}-\frac{6a-9}{30ax-42ay}$.

22. a) $\frac{5}{m+n}-\frac{4}{m-n}$; b) $\frac{a-b}{a+b}+\frac{a+b}{a-b}-\frac{2b^2}{a^2-b^2}$;

c) $\frac{20xy-x^2-3y^2}{x^2-y^2}+\frac{2x-5y}{x+y}-\frac{x+2y}{x-y}$;

d) $\frac{7}{9p+6q}+\frac{5}{6p-12q}$; e) $\frac{7p+3q}{4p+4q}-\frac{5p-2q}{6p-6q}-\frac{2p^2+3q^2}{3p^2-3q^2}$.

23. Weshalb hat die Multiplikation einer Zahl mit einem Bruch eigentlich keinen Sinn, wenn man an die Erklärung der Multiplikation denkt? Ermittele aber einen Sinn durch die Fortsetzung folgender Reihe: $5 \times 54 = 270$; $5 \times 18 = 90$; $5 \times 6 = 30$; $5 \times 2 = 10$; $5 \times \frac{2}{3} = ?$ Welcher Sinn kann also der Aufgabe $5 \times \frac{3}{8}$ beigelegt werden? (Denke dabei auch an das Vertauschungsgesetz der Faktoren.) Desgleichen welcher Sinn der Aufgabe $\frac{5}{7} \times \frac{2}{3}$? Regel, Formel.

24. a) $x \cdot \frac{m}{n}$; b) $5x \cdot \frac{3y}{10x}$; c) $\frac{a}{b} \cdot \frac{m}{n}$; d) $\frac{2a}{3b} \cdot \frac{15b}{8a}$; e) $\frac{7x^2}{4y^2} \cdot \frac{2y}{21x}$.

25. a) $\frac{a+b}{a-b} \cdot \frac{a^2-b^2}{a^2+2ab+b^2}$; b) $\frac{15u-20v}{16u+20v} \cdot \frac{12u+15v}{21u-28v}$;

c) $\frac{12a^2x}{9a-12b} \cdot \frac{6a-8b}{15ax^2}$;

d) $\frac{4m^2 - 12mn + 9n^2}{6m + 9n} \cdot \frac{4m^2 + 12mn + 9n^2}{4m^2 - 9n^2}$.

26. Wenn 2 in 18 neunmal enthalten ist, wievielmal muß dann der dritte Teil von 2, d. h. $\frac{2}{3}$, in 18 enthalten sein? Bestimme auch den Wert von $18 : \frac{2}{3}$ aus der Reihe $18 : 18 = 1$, $18 : 6 = 3$, $18 : 2 = 9$, $18 : \frac{2}{3} = ?$

Zeige, daß $18 : \frac{2}{3}$ auf dasselbe hinausläuft wie $18 \cdot \frac{3}{2}$ (A. 23), und beweise die Richtigkeit von $a : \frac{b}{c} = a \cdot \frac{c}{b}$ und von $\frac{a}{b} : \frac{c}{d} = \frac{a}{b} \cdot \frac{d}{c}$ durch die Probe. Regel.

27. a) $9 : \frac{3}{7}$; b) $\frac{2}{3} : \frac{5}{6}$; c) $a : \frac{x}{y}$; d) $\frac{a}{x} : \frac{b}{y}$; e) $6a : \frac{12a^2}{b}$;

f) $\frac{15a}{22b} : \frac{25a}{33b}$; g) $45ax^2 : \frac{18a^3x}{11b^2}$; h) $\frac{44a^2b}{35xy^2} : \frac{55ab^3}{21x^3y}$.

28. a) $\frac{30a - 45b}{58x} : \frac{12a - 18b}{87x}$; b) $\frac{p^2 - q^2}{p^2q} : \frac{p + q}{pq^2}$;

c) $\frac{9a - 12x}{8x - 10y} : \frac{6a - 8x}{12x - 15y}$; d) $\frac{3a^2 + 6ab + 3b^2}{a^2 - b^2} \cdot \frac{6ab + 6b^2}{5a^2 - 5ab}$.

§ 11. Proportionen.

1. Wie verhalten sich zwei Strecken a und b, wenn ein gemeinschaftliches Maß in a 4 mal und in b 3 mal aufgeht? Zeichne solche Strecken. Bezeichnungen: Verhältnis, Vorderglied, Hinterglied.

2. Wie groß ist in diesem Fall a in Vergleich mit b? Erkläre danach die Schreibweise $4 : 3$.

3. Welches Verhältnis würde sich ergeben haben, wenn die Strecken a und b durch ein halb so großes Maß gemessen worden wären? Welche Änderungen darf man also an einem Verhältnis vornehmen? Mit welchen Bruchregeln stimmen diese beiden Regeln überein?

4. Welche Verhältnisse ergeben sich je nach der Größe des gemeinschaftlichen Maßes für **a)** 12 m und 8 m; **b)** 50 kg und 30 kg; **c)** 24 l und 36 l?

5. Erweitere die folgenden Verhältnisse 1) mit 2, 2) mit a, 3) mit ax: **a)** $3 : 5$; **b)** $2\frac{1}{2} : 1\frac{3}{4}$; **c)** $m : n$; **d)** $a : b$; **e)** $2x : 3y$.

6. Ergänze die folgenden Rechnungen: **a)** $5 : 7 = 15 :$; **b)** $25 : 36 = \quad : 72$; **c)** $a : b = \quad : b^2$; **d)** $ax : by = abx^2 :$.

7. Kürze die folgenden Verhältnisse soweit als möglich: **a)** $9 : 6$; **b)** $4p : 12q$; **c)** $3a : 5a$; **d)** $a^2 : ab$; **e)** $8x^2 : 12xy$; **f)** $12ab^2 : 16a^2b$; **g)** $15a^2x : 35ax^3$; **h)** $a^2 : a$; **i)** $(12a - 8b) : (15a - 10b)$; **k)** $(a^2 - b^2) : (3a - 3b)$ . .

8. Mache die folgenden Verhältnisse durch Erweitern und Kürzen ganzzahlig:
a) $\frac{2}{3} : 1$; b) $4 : \frac{2}{5}$; c) $\frac{5}{6} : \frac{3}{4}$; d) $\frac{7}{12} : \frac{35}{36}$; e) $2\frac{1}{2} : 1\frac{1}{4}$; f) $1\frac{2}{5} : 6\frac{1}{4}$;
g) $3{,}4 : 5{,}1$; h) $2{,}25 : 3{,}75$.

9. Bilde weitere Gleichungen zwischen zwei Verhältnissen. Bezeichnungen: Proportion, äußere, innere Glieder.

10. Vergleiche in diesen Proportionen das Produkt der äußeren mit dem der inneren Glieder. Beweise die Richtigkeit der Regel an der Proportion $a : b = c : d$, indem du die Verhältnisse in Bruchform schreibst und beide Seiten der Gleichung mit dem Hauptnenner multiplizierst.

11. Welche von den folgenden Proportionen sind richtig, welche falsch:
a) $5 : 6 = 3 : 4$; b) $\frac{2}{3} : \frac{5}{6} = 12 : 15$; c) $1\frac{1}{2} : 1\frac{1}{4} = 1\frac{1}{3} : 1\frac{2}{9}$;
d) $8\,a\,b : 10\,b\,c = \frac{2}{3}\,a\,x : \frac{5}{6}\,c\,x$?

12. Bestimme x (als „vierte Proportionale") in den Proportionen:
a) $3 : 4 = 5 : x$; b) $5 : 2 = \frac{2}{3} : x$; c) $2{,}4 : 3{,}6 = 0{,}8 : x$;
d) $\frac{5}{6} : \frac{3}{8} = 16 : x$; e) $a : b = c : x$; f) $a^2 : b^2 = a : x$;
g) $(a^2 - b^2) : c = (a - b) : x$;
h) $(9\,a^2 - 4\,b^2) : (6\,a - 4\,b) = (9\,a + 6\,b) : x$.

13. Bestimme x (als „mittlere Proportionale") in den Proportionen:
a) $4 : x = x : 9$; b) $\frac{a}{b} : x = x : ab$; c) $\frac{2}{3} : x = x : 13\frac{1}{2}$;
d) $2\frac{1}{2} : x = x : 0{,}9$; e) $4{,}5 : x = x : 0{,}5$.

14. Bilde zu den folgenden Produktengleichungen Proportionen in verschiedenen Formen:
a) $4 \cdot 5 = 2 \cdot 10$; b) $a\,b = x\,y$; c) $a^2 = u \cdot v$.

15. Welche Glieder lassen sich unbeschadet der Richtigkeit der Proportion vertauschen?

16. Bringe, ohne das Glied x zu ändern, durch Vertauschung von Gliedern, Kürzen und Erweitern der Verhältnisse die nachfolgenden Proportionen auf die einfachsten ganzen Zahlen, bzw. auf die einfachste Form:
a) $6 : 5 = 9 : x$; b) $35 : x = 5 : 7$; c) $x : \frac{1}{2} = 8 : 5$; d) $\frac{3}{7} : x = 9 : 28$;
e) $2\frac{2}{3} : \frac{5}{6} = \frac{4}{5} : x$; f) $\frac{3}{4} : \frac{1}{3} = \frac{9}{16} : x$; g) $1\frac{1}{2} : 1\frac{1}{4} = x : 1\frac{1}{8}$;
h) $a : b = ac : x$; i) $m : a^2 = x : ab$; k) $ab : \frac{1}{c} = b\,c : x$;
l) $\frac{a}{b} : \frac{b}{c} = a\,c : x$.

17. Ändere in den folgenden Proportionen die Reihenfolge der Glieder so, daß x als viertes Glied erscheint:
a) $x : a = b : c$; b) $a : x = b : c$; c) $a : b = x : c$.

18. Ändere in den folgenden Proportionen die Reihenfolge der Glieder so, daß Verhältnisse auftreten, die gekürzt werden können, und kürze:
a) $3 : 4 = 6 : x$; b) $15 : x = 20 : 7$; c) $b : a^2 = b^2 : x$;
d) $(4\,x^2 - 9\,y^2) : 6\,z = (2\,x + 3\,y) : 9\,z^2$.

19. Wie kann man Proportionen so umändern, daß Summen oder Differenzen von Gliedern darin vorkommen?

20. Verfahre so in den folgenden Proportionen, daß als neues Glied **1)** $a+b$, **2)** $a-b$, **3)** $a+b$ und $a-b$ erscheint:
a) $a:b=x:y$; **b)** $a:q=b:r$; **c)** $u:a=v:b$.
Ist dies auch möglich in $a:x=y:b$?

21. Desgleichen, so daß x als nur in einem Glied und dort für sich erscheint:
a) $(a+x):x=b:c$; **b)** $(a-x):x=b:c$; **c)** $(a+x):a=b:c$;
d) $(a-x):a=b:c$; **e)** $(a+x):(a-x)=b:c$.

22. Schreibe die Proportionen $a:b=c:d$ und $a_1:b_1=c_1:d_1$ als Gleichungen von Brüchen und bilde aus beiden durch Multiplikation eine neue Gleichung. Welche Form nimmt diese Gleichung als Proportion an? Regel!

23. Benutze diese Regel zur Bestimmung von $a:c$ in den Aufgaben:
a) $a:b=2:3$; **b)** $a:b=m:n$, **c)** $a:b=m:n$;
$b:c=4:5$; $b:c=n:p$; $b:c=p:q$.

24. Ist in der Proportion $x:y=a:b$ $x=\lambda a$, wo λ irgend eine Zahl bedeutet, so ist $y=\lambda b$. Beweise diese Regel und benutze sie zur Bestimmung von λ, x und y, wenn gleichzeitig **a)** $x+y=s$,
b) $x-y=d$, **c)** $2x+3y=s$, **d)** $px-qy=d$ bekannt ist.

25. Bilde durch ständige Erweiterung des Verhältnisses $3:4$ eine „fortlaufende" Proportion. Was gilt in dieser von dem Verhältnis der Summe aller Vorderglieder zur Summe aller Hinterglieder? Beweise die Regel allgemein für die Proportion $a:x=b:y=c:z=d:u$.

26. Wenn $a, b, c \ldots$ und $a'\, b', c' \ldots$ die entsprechenden Seiten ähnlicher Vielecke sind, so besteht die Proportion $a:a'=b:b'=c:c'=\ldots$ oder $a:b:c:\ldots=a':b':c':\ldots$. Leite hieraus das Verhältnis der Umfänge ab.

27. Bestimme (nach Art von 24) x, y und z in der Proportion $x:y:z=2:3:4$, wenn **a)** $x+y+z=27$, **b)** $x+y-z=6$,
c) $2x-5y+4z=20$ ist.

28. Desgleichen für die Proportion $x:y:z=a:b:c$, wenn
a) $x+y+z=s$, **b)** $x-y+z=d$ bekannt ist.

29. Was bedeuten die Sätze: **a)** Der Preis einer Ware ist ihrem Gewicht proportional; **b)** Der Flächeninhalt eines Quadrats ist dem (arithmetischen) Quadrat der Seite proportional; **c)** Die Zeit, die ein Eisenbahnzug gebraucht, um die Entfernung zwischen zwei Orten zurückzulegen, ist seiner Geschwindigkeit umgekehrt proportional? Drücke diese Sätze durch Proportionen aus.

30. **a)** Was kosten $17\frac{1}{2}$ kg einer Ware, wenn 4 kg 2,52 M. kosten?
b) Ein Quadrat hat 295,84 qm Flächeninhalt. Wie groß ist ein zweites Quadrat, wenn dessen Seite sich zu der des ersten wie $3:2$ verhält?

c) Ein Schnellzug, der in der Stunde 88 km zurücklegt, gebraucht für eine gewisse Strecke 63 Minuten. In wieviel Minuten würde ein Personenzug dieselbe Strecke zurücklegen, wenn seine Geschwindigkeit 42 km in der Stunde beträgt?

31. Es sei $y = 3x$, worin x alle möglichen Werte annehmen kann, nach denen sich alsdann y richtet. Wähle zwei Werte von x, x_1 und x_2, aus, denen die Werte y_1 und y_2 entsprechen sollen, und bilde aus den beiden entstehenden Gleichungen eine Proportion. Welche Proportionalität besteht danach zwischen y und x?

32. Stelle dieselbe Untersuchung an für **a)** $y = mx$, **b)** $y = mx^2$, **c)** $y = \frac{m}{x}$, **d)** $y = \frac{m}{x^2}$, worin m als konstant anzusehen ist.

33. Desgleichen für **a)** $s = c \cdot t$ (c konstant); **b)** $s = \frac{1}{2} g t^2$ (g konstant); **c)** $a = k \cdot s$ (1. k konstant, 2. s konstant); **d)** $e = \frac{1}{2} m v^2$ (1. m konstant, 2. v konstant); **e)** $i = \frac{e}{w}$ (1. e konstant, 2. w konstant).

Zweiter Teil: Potenzen, Wurzeln und Logarithmen.

§ 1. Potenzen[1]).

1. Was bedeutet 6^2, a^3, x^4? Was daher a^n, wenn n eine absolute ganze Zahl ist? Bezeichnungen: Potenz, Basis oder Grundzahl, Exponent. Was für eine Zahl muß der Exponent sein, wenn die Erklärung Sinn haben soll?
2. Rechne aus: **a)** x^2 für $x = 1, 2, \ldots, 20$; **b)** x^3 für $x = 1, 2, \ldots, 10$; **c)** 2^n für $n = 2, 3, \ldots, 10$; **d)** 3^n für $n = 2, 3, 4, 5$; **e)** 5^6; **f)** $(+6)^2$; **g)** $(+6)^3$; **h)** $(-8)^2$; **i)** $(-4)^3$; **k)** $(+a)^2$; **l)** $(+a)^3$; **m)** $(-a)^2$; **n)** $(-a)^3$; **o)** $(+a)^{2n}$; **p)** $(+a)^{2n+1}$; **q)** $(-a)^{2n}$; **r)** $(-a)^{2n+1}$. (Welches Vorzeichen hat die Potenz einer positiven und einer negativen Zahl?)
3. Rechne aus: **a)** $5^2 + 2^5$; **b)** $3^4 - 4^3$; **c)** $7^3 - 7^2$; **d)** $4 \cdot 2^4 - 3 \cdot 2^3$; **e)** $5 \cdot 3^2 - 3 \cdot 2^5$; **f)** $(+3)^2 - (-2)^3$; **g)** $(-5)^3 + (-3)^3$; **h)** $(-3)^3 - (+2)^5 - (-4)^2 - (-5)^3$.
4. Desgleichen: **a)** $(\frac{2}{3})^2 - (\frac{1}{2})^3$; **b)** $(\frac{3}{5})^3 + (\frac{7}{10})^2$; **c)** $(1\frac{1}{2})^4 - (1\frac{1}{4})^3$; **d)** $1{,}24^2$; **e)** $0{,}5^3$; **f)** $0{,}16^2 - 0{,}03^3$; **g)** $3{,}94^3 - 2{,}15^4$.

---

5. Rechne aus: $a^4 \cdot a^3$; $b^5 \cdot b^2$; $c^3 \cdot c^8$; was gibt entsprechend $a^m \cdot a^n$? (Regel, Formel).
6. **a)** $x^6 \cdot x^3$; **b)** $a^5 \cdot a^3 \cdot a$; **c)** $a^{2m} \cdot a^{3m}$; **d)** $b^{x-3} \cdot b^3$; **e)** $u^{2n-5} \cdot u^{5-n}$; **f)** $y^{2+x} \cdot y^{2-x}$; **g)** $z^{2a+3b} \cdot z^{3a-4b} \cdot z^{b-4a}$; **h)** $a^{2x-3} \cdot a^{5-2x} + a^{6-x} \cdot a^{x-4}$.
7. **a)** $2x^3 \cdot 3x^5$; **b)** $3x^2 \cdot 5x^6 - 2x^3 \cdot 6x^5 + 4x^7 \cdot 2x$; **c)** $\frac{1}{2}a^3b^2 \cdot 1\frac{1}{7}a^2b^5$; **d)** $\frac{2}{3}x^{4a}y^{3b-4} \cdot \frac{3}{4}x^{2a} \cdot y^4$; **e)** $2x^n \cdot 12x^2 - 3x^{n-1} \cdot 4x^3 + 5x \cdot 6x^{n+1}$; **f)** $\frac{5}{8}a^{3x-4y} \cdot 1\frac{1}{3}a^{2y-2x} - 2\frac{1}{2}a^{x-5y} \cdot \frac{1}{80}a^{3y}$.

---

1) S. hierzu auch IV, § 5.

8. **a)** $(+3)^2 \cdot (+3)^3$; **b)** $(-2)^5 \cdot (-2)^4$; **c)** $(+3)^2 \; (-3)^3$;
d) $(+a)^5 \cdot (+a)^2$; **e)** $(-n)^4 \cdot (-n)$; **f)** $(+a)^5 \cdot (-a)$;
g) $(-a)^3 \cdot (+a)^4$; **h)** $(-a)^{2n} \cdot a$.

9. **a)** $\frac{2a^3}{3b^4} \cdot 3a^2$; **b)** $\frac{4a^{2p+3}}{5b^p} \cdot 10a^{6-p}$; **c)** $\frac{a^5}{b^2} \cdot \frac{a}{b^3}$;
d) $\frac{x^a}{y^b} \cdot \frac{x^2}{y}$; **e)** $\frac{p^{a+b}}{q^{a-b}} \cdot \frac{p^{a-b}}{q^{a+b}}$.

10. **a)** $\frac{3x^2}{2y^5} : 6y^3$; **b)** $\frac{15a^{3x}}{34b^{3y}} : 5b^3$; **c)** $3n^p : \frac{6p}{5n}$;
d) $\frac{2a^{3x}}{3b^{4y}} : \frac{4b^y}{9a^2}$; **e)** $\frac{a^{x+2y}}{b^{2x-y}} : \frac{b^{x+y}}{a^{x-y}}$; **f)** $\frac{a^{2x-3}\,b^{3y-4}}{c^{4z-5}} : \frac{c^{5-3z}}{a^{x+2}\,b^{2-2y}}$.

11. **a)** $(1\tfrac{3}{4}\,a^5b^2 - 2\tfrac{1}{2}\,a^4b + 1\tfrac{2}{3}\,a^3) \cdot 12ab^4$;
b) $(x^3 - x^2y + xy^2 - y^3)(x + y)$;
c) $(x^4 + x^3y + x^2y^2 + xy^3 + y^4)(x - y)$;
d) $(a^{x-3} + a^{x-4} + a^{x-5})(a^3 - a^2)$;
e) $(a^n - 2a^{n-1} + 3a^{n-2})(a^3 + 2a^2)$;
f) $(x^{2a+3b} + x^{a+2b} + x^b)(x^{3a-2b} - x^{2a-3b})$.

---

12. Stelle die folgenden Potenzen als Produkt zweier (oder mehrerer) Potenzen dar:
a) x^5; **b)** y^{m+n}; **c)** z^{x+3}; **d)** u^{2x+3y}; **e)** x^{a+b+1}.

13. Bilde dementsprechend **a)** 2^{14} aus $2^4 = 16$ und $2^{10} = 1024$;
b) 3^8 aus $3^5 = 243$ und $3^3 = 27$; **c)** 5^6 aus $5^3 = 125$.

14. **a)** $\frac{3}{a^5} + \frac{2}{a^3}$; **b)** $\frac{a}{x^6} - \frac{b}{x}$; **c)** $\frac{3ab}{14x^4y^2} - \frac{5bc}{21xy^3}$;
d) $\frac{4a}{15b^2cd^3} - \frac{3a}{20b^3c^2d} + \frac{5a}{6bc^3d^2}$; **e)** $\frac{1}{m^{x+1}} - \frac{1}{m^x}$;
f) $\frac{p}{x^{n+1}} - \frac{q}{x^n} + \frac{r}{x^{n-1}}$; **g)** $\frac{a}{x^{n-1}} + \frac{b}{x^{n-3}} - \frac{c}{x^{n-5}}$.

15. Verwandle in ein Produkt:
a) $12x^3y + 18x^2y^2 - 30xy^3$; **b)** $1\tfrac{1}{8}\,u^{a+2} - 3\tfrac{1}{3}\,u^{a+1} + 2u^{a-2}$;
c) $21a^{n+2} \cdot b^{n-1} - 14a^n \cdot b^{n+1}$;
d) $45x^{2n-1}y^{2n+1} + 36x^{2n-3} \cdot y^{2n-2}$.

16. Rechne aus: $\frac{a^5}{a^2}$; $\frac{a^4}{a^3}$; $\frac{a^2}{a^5}$; $\frac{a^3}{a^7}$; $\frac{a^4}{a^4}$; $\frac{a^5}{a^5}$.

Was gibt entsprechend $\frac{a^m}{a^n}$, wenn **1.** $m > n$, **2.** $m < n$, **3.** $m = n$ ist?

17. **a)** $\frac{a^9}{a^3}$; **b)** $\frac{a^4}{a^5}$; **c)** $\frac{b^x}{b^2}\,(x > 2)$; **d)** $\frac{m^4}{m^p}\,(p > 4)$; **e)** $\frac{x^{3a}}{x^a}$;
f) $\frac{y^{2b}}{y^{4b}}$; **g)** $\frac{u^{2x+3y}}{u^{2y}}$; **h)** $\frac{a^{n+2}}{a^{n-3}}$; **i)** $\frac{x^{2p+3}}{x^{2p+5}}$; **k)** $\frac{(-3)^5}{(-3)^2}$;
l) $\frac{(-a)^6}{(-a)^2}$; **m)** $\frac{(-a)^3}{a}$; **n)** $\frac{x^p}{x^q}$.

18. Weshalb läßt sich in dem Beispiel 17 n nicht ein einziges Ergebnis angeben? Wie kann man trotzdem mit *einer* Regel und *einer* Formel auskommen, wenn man negative Exponenten und den Exponenten 0 zuläßt? Welchen Sinn muß man dann den Ausdrücken 2^{-3}, a^{-2}, a^{-n}, 3^0, a^0 beilegen?

19. Zeige, daß sich derselbe Sinn ergibt, wenn man die Reihe $3^4 = 3 \cdot 3 \cdot 3 \cdot 3$; $3^3 = 3 \cdot 3 \cdot 3$; $3^2 = 3 \cdot 3$; $3^1 = 3$ und $a^4 = a \cdot a \cdot a \cdot a$; $a^3 = a \cdot a \cdot a$; $a^2 = a \cdot a$; $a^1 = a$ entsprechend weiter fortsetzt.

20. Welchen Wert haben daher folgende Ausdrücke:
a) 3^{-4}; **b)** $(\frac{1}{2})^{-3}$; **c)** 5^0; **d)** $(1\frac{2}{3})^{-1}$; **e)** $(2\frac{1}{2})^{-2}$; **f)** x^0;
g) 2^{-n}; **h)** a^{-n}; **i)** $\left(\frac{a}{b}\right)^{-3}$; **k)** $\left(\frac{a}{b}\right)^{-x}$; **l)** $(-3)^{-2}$;
m) $(-\frac{3}{4})^{-3}$?

21. Gib nunmehr ohne Rücksicht auf die Zahl der Faktoren im Zähler und Nenner in *einem* Ergebnis an:
a) $\frac{x^p}{x^4}$; **b)** $\frac{x^4}{x^p}$; **c)** $\frac{a^3}{a^7}$; **d)** $\frac{a^{2x}}{a^{5x}}$; **e)** $\frac{m^{3x}}{m^{2y}}$; **f)** $\frac{a^{3p-4q}}{a^{2p-5q}}$; **g)** $\frac{n^{a+b-c}}{n^{a-b+c}}$;
h) $\frac{p^{3m-5n}}{p^{5m-3n}}$; **i)** $\frac{a^{2x-5} \cdot a^{3-x}}{a^{x-6}}$.

22. **a)** $\frac{z^{2a-3b}}{z^{a+b}} \cdot \frac{z^{a-b}}{z^{3a-2b}}$; **b)** $\frac{n^{3x-y}}{n^{4x+y}} \cdot \frac{n^{2x+3y}}{n^{x+y}}$;
c) $\frac{a^{2u-3v}}{a^{3u-2v}} : \frac{a^{u-v}}{a^{u+v}}$; **d)** $\frac{x^{3y-5}}{x^{4z-3}} : \frac{x^{2y-3}}{x^{z-5}}$; **e)** $\frac{a^{2x-3}}{a^{3x-4}} : \frac{a^{3x-5}}{a^{2x-1}}$.

---

23. Zeige, daß die Regeln von 5 und 18 auch für Ausdrücke von der Form a^{-m} gelten, daß also $a^{-m} \cdot a^n = a^{-m+n}$; $a^{-m} \cdot a^{-n} = a^{-m-n}$; $a^{-m} : a^n = a^{-m-n}$; $a^m : a^{-n} = a^{m+n}$, $a^{-m} : a^{-n} = a^{-m+n}$ ist, indem du solchen Ausdrücken den in 18 festgesetzten Sinn beilegst. Desgleichen auch für a^0. Weshalb darf man daher solche Ausdrücke auch Potenzen nennen, obwohl sie es eigentlich nicht sind?

24. **a)** $a^{-4} b^3 \cdot a^5 b^{-2}$; **b)** $x^{-a} \cdot x^{2a-1} \cdot x^{-3a} \cdot x$; **c)** $x^{a-3} \cdot x^{-4} \cdot x^{5-a}$;
d) $\frac{a^{-4}}{a^{-1}}$; **e)** $\frac{x^{-5}}{x^{-9}}$; **f)** $\frac{a^{-3} b^4}{a^{-1} b^{-1}}$; **g)** $\frac{a^{-4}}{b^{-5}} \cdot \frac{a^2}{b^{-1}} \cdot \frac{b^{-3}}{a^{-5}}$;

h) $\frac{x^{-p}\,y^{q-2}}{z^{-r}} \cdot \frac{z^{r+1}}{x^{3-p}\,y^{-q-2}}$; i) $\frac{a^{-5}}{b^3\,c^{2x-1}} : \frac{a^{-3}}{b^{-4}\,c^{-x-1}}$.

---

25. Untersuche, ob folgende Divisionen aufgehen, und prüfe in diesem Fall die Ergebnisse:
a) $(x^n + y^n) : (x + y)$; b) $(x^n + y^n) : (x - y)$; c) $(x^n - y^n) : (x + y)$;
d) $(x^n - y^n) : (x - y)$ für $n = 2, 3, 4, 5$.

26. a) $a^{2n} - a^{2n-1} + a^{2n-2}) : a^3$; b) $(x^{a+b} \cdot y^c + x^{a-b} \cdot y^{-c}) : x^{-b}\,y^{-c}$;
c) $(x^{n+2} - x^{n+1} - 5\,x^n + 17\,x^{n-1} - 12\,x^{n-2}) : (x^2 + 2\,x - 3)$;
d) $(a^{m+3}\,b^2 - a^3\,b^{n+2} + a^{m+2}\,b^3 - a^2\,b^{n+3} - a^{m+1}\,b^4 + a\,b^{n+4})$
$: (a^3\,b^2 + a^2\,b^3 - a\,b^4)$.

27. Wie läßt sich nachweisen, daß $a^3 \cdot b^3 = (ab)^3$ ist? Was gibt entsprechend $a^m \cdot b^m$? (Regel).

28. a) $2^5 \cdot 5^5$; b) $4^3 \cdot 25^3$; c) $(1\tfrac{2}{3})^4 \cdot (1\tfrac{1}{5})^4$; d) $(1\tfrac{1}{4})^6 \cdot (\tfrac{2}{5})^6$; e) $(6\tfrac{1}{4})^5 \cdot (1\tfrac{3}{5})^5$;
f) $(\tfrac{2}{3})^3 \cdot (\tfrac{3}{4})^3 \cdot (\tfrac{4}{5})^3$; g) $(2\,x)^7 \cdot (5\,y)^7$; h) $\left(\frac{3\,a^2}{2\,b}\right)^5 \cdot \left(\frac{4\,b}{9\,a}\right)^5$; i) $\left(\frac{4\,a}{3\,b}\right)^n \cdot \left(\frac{9\,b}{2\,a}\right)^n$;
k) $\left(\frac{6\,a - 9\,b}{2\,x}\right)^3 \cdot \left(\frac{3\,x}{4\,a - 6\,b}\right)^3$; l) $\left(\frac{a^2 - b^2}{a}\right)^2 \cdot \left(\frac{a}{a - b}\right)^2 \cdot \left(\frac{b}{a + b}\right)^2$.

29. Zeige, daß die Regel von 27 auch für die „uneigentlichen" Potenzen gilt, und löse danach folgende Aufgaben:
a) $3^{-2} \cdot 2^{-2}$; b) $(2\tfrac{1}{2})^{-3} \cdot (1\tfrac{1}{5})^{-3}$; c) $\left(\frac{a}{b}\right)^{-4} \cdot \left(\frac{b}{c}\right)^{-4} \cdot \left(\frac{c}{d}\right)^{-4}$;
d) $\left(\frac{a^2}{b\,c}\right)^{-n} \cdot \left(\frac{b^2}{a\,c}\right)^{-n} \cdot \left(\frac{c^2}{ab}\right)^{-n}$; e) $(-4)^{-1} \cdot (-7)^{-1}$;
f) $(-a)^{-3} \cdot \left(\frac{1}{a}\right)^{-3}$; g) $(-\tfrac{3}{4})^{-2} \cdot (2\tfrac{2}{3})^{-2}$.

30. Wie läßt sich umgekehrt ein Produkt mit einer Zahl potenzieren? (Formel).

31. a) $(3\,ab)^2$; b) $(2\,a)^2 \cdot (3\,b)^3$; c) $(4\,ab)^2 \cdot (2\,ab)^3$;
d) $(x\,y)^n \cdot (y\,z)^{n+1} \cdot (x\,z)^{n-1}$; e) $\frac{28^3}{21^2}$; f) $\frac{12^5 \cdot 15^3}{25^2 \cdot 18^4}$;
g) $\frac{(4\,x\,y)^3}{(6\,x\,y)^2}$; h) $\frac{(2\,a)^4}{(3\,a)^5} \cdot (9\,a)^2$; i) $\frac{(3\,a)^4}{(10\,b)^3} \cdot \frac{(5\,b)^3}{(9\,a)^2}$;
k) $\frac{(6\,a\,b)^2 \cdot (15\,b\,c)^3}{(12\,a\,c)^3 \cdot (5\,b)^4}$.

32. Zeige, daß die Regel von 30 auch für die „uneigentlichen" Potenzen gilt, und löse danach folgende Aufgaben:

a) $(2\,ab)^{-3} \cdot (3\,ab)^{-1}$; **b)** $\dfrac{(6\,xy)^{-5}}{(9\,xy)^{-3}}$; **c)** $\dfrac{(2\,x)^{-3}}{(3\,y)^{-2}} \cdot \dfrac{(9\,y)^{-1}}{(4\,x)^{-2}}$.

---

33. Wie läßt sich nachweisen, daß $\dfrac{a^3}{b^3} = \left(\dfrac{a}{b}\right)^3$ ist? Was gibt dementsprechend $\dfrac{a^m}{b^m}$? (Regel).

34. **a)** $\dfrac{20^4}{2^4}$; **b)** $\dfrac{50^9}{25^9}$; **c)** $\dfrac{18^4}{54^4}$; **d)** $\left(\dfrac{3}{4}\right)^3 : \left(\dfrac{3}{5}\right)^3$; **e)** $(4\tfrac{1}{2})^5 : (1\tfrac{1}{8})^5$;

f) $\dfrac{(6\,x)^3}{(9\,x)^3}$; **g)** $\dfrac{(15\,a^2 x)^5}{(10\,a\,x^2)^5}$; **h)** $\dfrac{(15\,a + 25\,b)^3}{(6\,a + 10\,b)^3}$; **i)** $\dfrac{(a^2\,x - b^2\,x)^2}{(a\,y + b\,y)^2}$;

k) $\dfrac{(4\,a^2 - 9\,b^2)^x}{(2\,a - 3\,b)^x}$.

35. Zeige, daß die Regel von 33 auch für die „uneigentlichen" Potenzen gilt, und löse danach folgende Aufgaben:

a) $\dfrac{12^{-3}}{6^{-3}}$; **b)** $\left(\dfrac{2}{3}\right)^{-1} : \left(\dfrac{3}{4}\right)^{-1}$; **c)** $\dfrac{(12\,p^2\,q)^{-4}}{(16\,p\,q^2)^{-4}}$.

36. Wie läßt sich umgekehrt ein Quotient (Bruch) mit einer Zahl potenzieren? (Formel).

37. **a)** $\left(\dfrac{2}{3}\right)^5$; **b)** $\left(\dfrac{3}{4}\right)^3$; **c)** $(1\tfrac{1}{3})^4$; **d)** $\left(\dfrac{2\,a}{3\,b}\right)^4$; **e)** $\left(\dfrac{a}{b}\right)^3 \cdot \left(\dfrac{b}{c}\right)^4 \cdot \left(\dfrac{c}{d}\right)^5$;

f) $(x\,y)^3 \cdot \left(\dfrac{x}{y}\right)^2 \cdot \left(\dfrac{1}{x}\right)^4$; **g)** $\left(\dfrac{2\,a}{5\,b}\right)^5 \cdot \left(\dfrac{10\,b}{3\,c}\right)^3 \cdot \left(\dfrac{9\,c}{4\,a}\right)^2$;

h) $\left(\dfrac{x}{y}\right)^{n-1} \cdot \left(\dfrac{y}{z}\right)^n \cdot \left(\dfrac{z}{x}\right)^{n+1}$; **i)** $\left(\dfrac{a}{b}\right)^{2x-5} \cdot \left(\dfrac{b}{a}\right)^{x+3}$;

k) $\left(\dfrac{p}{q}\right)^{3m-4n} \cdot \left(\dfrac{q}{p}\right)^{2m-3n} \cdot \left(\dfrac{r}{p}\right)^{m-2n}$.

38. Zeige, daß die Regel von 36 auch für die „uneigentlichen" Potenzen gilt, und löse danach folgende Aufgaben:

a) $\left(\dfrac{3}{5}\right)^{-2}$; **b)** $(1\tfrac{1}{2})^{-4}$; **c)** $\left(\dfrac{a}{b}\right)^{-2} \cdot \left(\dfrac{b}{c}\right)^{-3} \cdot \left(\dfrac{c}{a}\right)^{-4}$;

d) $\left(\dfrac{3\,a}{2\,b}\right)^{-2} \cdot \left(\dfrac{4\,b}{9\,a}\right)^3$; **e)** $\left(\dfrac{15\,x}{16\,y}\right)^{-1} : \left(\dfrac{25\,x}{24\,y}\right)^{-2}$.

---

39. Wie läßt sich nachweisen, daß $(a^4)^3 = a^{12} = (a^3)^4$ ist? Was gibt entsprechend $(a^m)^n$? (Regel).

40. **a)** $(2^3)^4$; **b)** $(x^3)^5$; **c)** $(a^x)^3$; **d)** $(p^4)^a$; **e)** $(-a^2)^3$; **f)** $(-a^3)^2$; **g)** $(a^3 b^2)^4$; **h)** $(a^m b^n)^3$; **i)** $(5a^2 b)^3$; **k)** $(1\frac{1}{2} a^3 b^4)^2$; **l)** $(-5a^n b^2)^3$.

41. **a)** $\left(\frac{x^3 y^2}{m^4 n^5}\right)^2$; **b)** $\left(\frac{3a^2 b^4}{5xy^3}\right)^2$; **c)** $\frac{(6a^5 b^2)^3}{(9a^4 b^3)^2}$; **d)** $\frac{(25x^4 y^2)^2}{(15x^2 y^2)^3}$;

e) $\frac{(6a^2)^3 \cdot (15a^8)^4}{(10a^4)^2 \cdot (45a)^2}$; **f)** $\frac{(8a^2)^3 \cdot (9b^3)^2}{(36ab^2)^4}$;

g) $\left(\frac{6a^n b^{x-2}}{25c^{p-1}}\right)^2 \cdot \frac{(5c^{p+1})^3}{(9a^{n-1} b^2)^2}$; **h)** $\frac{(12u^3 v^2)^2}{(16u^2 v^3)^3} : \frac{(25uv^3)^4}{(15u^3 v)^2}$.

42. Zeige, daß die Regel von 39 auch für die „uneigentlichen" Potenzen gilt, und löse danach folgende Aufgaben:

a) $(a^{-3})^2$; **b)** $(m^{-4})^{-3}$; **c)** $(a^2 b^{-1} c^{-3})^{-2}$; **d)** $(-3^{-2})^{-3}$;

e) $(-2^{-3})^{-2}$; **f)** $\left(\frac{x^{-2} p^3}{y^4 q^{-1}}\right)^2$; **g)** $\frac{(12ab^2 c^{-1})^{-3}}{(18a^2 b^{-3} c)^{-2}}$.

---

43. Leite aus den Formeln für $(a \pm b)^2$ durch Multiplikation mit $a + b$ oder $a - b$ Formeln für $(a \pm b)^3$ und auf entsprechende Weise solche für $(a \pm b)^4$, $(a \pm b)^5$ usw. ab und stelle die Koeffizienten zum Paskalschen Dreieck zusammen. Bildungsgesetze!

44. **a)** $(x + y)^3$; **b)** $(u - v)^4$; **c)** $(2a + 3b)^3$; **d)** $(3a^2 - 2b^2)^3$;

e) $(\frac{1}{2}a - \frac{2}{3}b)^3$; **f)** $(x - 2y)^4$; **g)** $(\frac{1}{3}a + \frac{1}{2}b)^4$; **h)** $\left(\frac{a}{x} + \frac{x}{b}\right)^5$;

i) $(a^2 - b^3)^5$; **k)** $\left(ax - \frac{b}{2x}\right)^6$.

§ 2. Wurzeln *).

1. Welche Aufgabe wird aus $5^2 = 25$, wenn der Wert der Potenz (25) und der Potenzexponent (2) gegeben sind? Schreibweise (statt $x^2 = 25$). Bezeichnung: Wurzel, Radikand, Wurzelexponent.
Welche Beschaffenheit muß also die gesuchte Basis x haben?

2. Welche Probe läßt sich auf die Rechnung $\sqrt[2]{25} = 5$ machen? Welche Zahl wird also durch $\sqrt[2]{25}$ dargestellt? Oder welche Eigenschaft hat $\sqrt[2]{25}$?
Anm.: Bei der Quadratwurzel pflegt man den Exponenten 2 fortzulassen.

---

*) S. hierzu auch IV § 5.

3. **a)** $\sqrt{9}$*); **b)** $\sqrt{144}$; **c)** $\sqrt{625}$; **d)** $\sqrt{1}$; **e)** $\sqrt{0}$; **f)** $\sqrt{1\frac{9}{16}}$; **g)** $\sqrt{6\frac{1}{4}}$; **h)** $\sqrt{1{,}69}$; **i)** $\sqrt{0{,}09}$; **k)** $\sqrt{0{,}16}$; **l)** $\sqrt{0{,}0004}$.

4. **a)** $(\sqrt{25})^2$; **b)** $(\sqrt{0{,}36})^2$; **c)** $(\sqrt{5})^2$; **d)** $(\sqrt{5})^3$; **e)** $(\sqrt{7})^4$.

5. **a)** $\sqrt{6^2}$; **b)** $\sqrt{10^2}$; **c)** $\sqrt{17^2}$; **d)** $\sqrt{0{,}57^2}$.

6. Stelle durch Ausprobieren fest, **a)** zwischen welchen ganzen Zahlen, **b)** zwischen welchen Zehnteln, **c)** zwischen welchen Hundertsteln die folgenden Quadratwurzeln liegen:

a) $\sqrt{5}$; **b)** $\sqrt{10}$; **c)** $\sqrt{93}$; **d)** $\sqrt{235}$; **e)** $\sqrt{6{,}4}$; **f)** $\sqrt{86{,}53}$.

7. Beantworte dieselben Fragen wie in 1 und 2 zu **a)** $5^3 = 125$; **b)** $3^4 = 81$; **c)** $2^5 = 32$; **d)** $x^2 = a$; **e)** $x^3 = b$; **f)** $x^n = c$.

8. **a)** $\sqrt[3]{8}$; **b)** $\sqrt[3]{64}$; **c)** $\sqrt[4]{16}$; **d)** $\sqrt[5]{243}$; **e)** $\sqrt[3]{\frac{8}{27}}$; **f)** $\sqrt[3]{-8}$; **g)** $\sqrt[3]{-27}$; **h)** $\sqrt[5]{-32}$; **i)** $\sqrt[3]{0{,}008}$; **k)** $\sqrt[3]{0{,}000001}$.

9. **a)** $(\sqrt{a})^2$; **b)** $(\sqrt[3]{8})^3$; **c)** $(\sqrt[4]{81})^4$; **d)** $(\sqrt[3]{7})^3$; **e)** $(\sqrt[3]{a})^3$; **f)** $(\sqrt[5]{z})^5$; **g)** $(\sqrt{a})^3$; **h)** $(\sqrt{a})^4$; **i)** $(\sqrt[3]{p})^4$; **k)** $(\sqrt[n]{u})^n$.

10. **a)** $\sqrt{a^2}$; **b)** $\sqrt{a^6}$; **c)** $\sqrt{a^{16}}$; **d)** $\sqrt[3]{8^2}$; **e)** $\sqrt[3]{m^3}$; **f)** $\sqrt[3]{m^{27}}$; **g)** $\sqrt[4]{y^4}$; **h)** $\sqrt[n]{5^n}$; **i)** $\sqrt[n]{c^n}$.

11. Stelle durch Ausprobieren fest, **a)** zwischen welchen ganzen Zahlen, **b)** zwischen welchen Zehnteln folgende Wurzeln liegen:

a) $\sqrt[3]{19}$; **b)** $\sqrt[3]{100}$; **c)** $\sqrt[3]{12{,}5}$; **d)** $\sqrt[4]{1000}$.

---

12. Wie werden Wurzeln mit gleichen Exponenten miteinander multipliziert? Formel!

13. **a)** $\sqrt{2} \cdot \sqrt{32}$; **b)** $\sqrt{3} \cdot \sqrt{27}$; **c)** $\sqrt{2} \cdot \sqrt{3} \cdot \sqrt{6}$; **d)** $\sqrt[3]{3} \cdot \sqrt[3]{9}$; **e)** $\sqrt[3]{2} \cdot \sqrt[3]{2} \cdot \sqrt[3]{16}$; **f)** $\sqrt{\frac{2}{3}} \cdot \sqrt{\frac{3}{8}}$; **g)** $\sqrt{1\frac{1}{4}} \cdot \sqrt{\frac{4}{5}}$; **h)** $\sqrt{2\frac{2}{3}} \cdot \sqrt{1\frac{1}{8}} \cdot \sqrt{\frac{3}{4}}$; **i)** $2\sqrt[3]{2} \cdot 3\sqrt[3]{4}$; **k)** $3\sqrt[3]{\frac{2}{9}} \cdot 5\sqrt[3]{1\frac{1}{3}}$; **l)** $\sqrt{0{,}2} \cdot \sqrt{0{,}8}$; **m)** $\sqrt[3]{0{,}4} \cdot \sqrt[3]{0{,}02}$; **n)** $\sqrt[4]{0{,}4} \cdot \sqrt[4]{0{,}8} \cdot \sqrt[4]{0{,}08}$.

---

*) Die Quadratwurzel hat eigentlich zwei entgegengesetzt gleiche Werte; im folgenden soll nur der positive Wert berücksichtigt werden.

14. a) $\sqrt[n]{a} \cdot \sqrt[n]{a^2} \cdot \sqrt[n]{a^{n-3}}$; b) $\sqrt[x]{b^{2x}} \cdot \sqrt[x]{b^{2-5x}} \cdot \sqrt[x]{b^{4x-2}}$;

c) $\sqrt[p]{a^{-3}} \cdot \sqrt[p]{a^{5+2p}} \cdot \sqrt[p]{a^{-2-p}}$.

15. Bringe in den folgenden Aufgaben den ersten Faktor unter die Wurzel:

a) $a\sqrt{b}$; b) $3\sqrt{5}$; c) $2\sqrt[3]{4}$; d) $3\sqrt{\frac{2}{3}}$; e) $5\sqrt[3]{\frac{2}{5}}$; f) $a\sqrt{\frac{x}{a}}$; g) $a^2\sqrt[3]{b^2}$;

h) $n^3\sqrt{\frac{a}{n^5}}$; i) $a\sqrt[x]{a}$; k) $2x\sqrt{\frac{3}{x}}$.

---

16. Wie wird ein Produkt radiziert? Formel!

17. a) $\sqrt{25x^2}$; b) $\sqrt{144a^2b^2}$; c) $\sqrt{289x^2y^2z^2}$; d) $\sqrt[3]{64a^3}$;

e) $\sqrt[4]{16m^4n^4p^4}$; f) $\sqrt{\frac{4}{9}x^6}$; g) $\sqrt{2\frac{1}{4}a^{16}}$; h) $\sqrt[3]{3\frac{3}{8}m^{15}}$; i) $\sqrt[n]{a^n b^n x^n}$.

18. Stelle in den folgenden Aufgaben den Radikanden als ein Produkt von Quadratzahlen dar und ziehe die Wurzel aus:

a) $\sqrt{5625}$; b) $\sqrt{12\,544}$; c) $\sqrt{18\,225}$; d) $\sqrt{27\,225}$; e) $\sqrt{54\,756}$.

19. a) $\sqrt{2a} \cdot \sqrt{8a}$; b) $\sqrt[3]{4a^2} \cdot \sqrt[3]{16a}$; c) $\sqrt{a} \cdot \sqrt{\frac{x}{a}}$; d) $3\sqrt[3]{x} \cdot a\sqrt[3]{x^2}$;

e) $\sqrt[3]{x^2} \cdot \sqrt[3]{x^4}$; f) $\sqrt[4]{5a^3} \cdot \sqrt[4]{125a^5}$.

20. a) $\sqrt{16a}$; b) $\sqrt[3]{64x}$; c) $3\sqrt[4]{625n}$; d) $\frac{1}{3}\sqrt{81y}$; e) $\frac{3}{4}\sqrt[3]{27z^2}$.

21. a) $\sqrt{32}$; b) $\sqrt{27}$; c) $\sqrt[3]{54}$; d) $\sqrt[3]{375}$; e) $\sqrt{8a}$; f) $2\sqrt{18x}$; g) $\sqrt{50a^2}$;

h) $2\sqrt[3]{16x^8}$; i) $\sqrt{a^3}$; k) $\sqrt{a^9}$; l) $\sqrt{27a^2x^5}$; m) $\sqrt[3]{16a^4b^{11}}$.

22. a) $(2\sqrt{8} - 3\sqrt{18} + 4\sqrt{72}) \cdot \sqrt{2}$; b) $(3\sqrt{12} + 5\sqrt{27} - 8\sqrt{75}) \cdot 2\sqrt{3}$;

c) $(\frac{2}{3}\sqrt{6} - \frac{3}{4}\sqrt{54} + \frac{1}{2}\sqrt{24}) \cdot \sqrt{2}$; d) $(3\sqrt{10} - 4\sqrt{3} - 2\sqrt{90} + \sqrt{12}) \cdot \sqrt{6}$.

23. a) $(\sqrt{3} - \sqrt{2})(\sqrt{6} + \sqrt{12})$; b) $(2\sqrt{6} - 3\sqrt{3})(3\sqrt{12} - 4\sqrt{6})$;

c) $(3\sqrt{8} - 4\sqrt{18})(2\sqrt{2} + 3\sqrt{3})$; d) $(15\sqrt{30} - 12\sqrt{24})(\sqrt{6} - 2\sqrt{3})$;

e) $(\sqrt{6} - \sqrt{12} + \sqrt{20})(\sqrt{3} - \sqrt{5})$;

f) $(2\sqrt{3} + 3\sqrt{2} - 4\sqrt{5})(4\sqrt{3} - 3\sqrt{2} + 2\sqrt{5})$.

24. a) $(\sqrt{5} - \sqrt{4})(\sqrt{5} + \sqrt{4})$; b) $(2\sqrt{15} + 3\sqrt{10})(2\sqrt{15} - 3\sqrt{10})$;

c) $(\sqrt{6} + \sqrt{3})^2$; d) $(\sqrt{14} - \sqrt{7})^2$; e) $(\frac{1}{2}\sqrt{2} + \frac{2}{3}\sqrt{6})^2$;

f) $(\sqrt{a} - \sqrt{b})(\sqrt{a} + \sqrt{b})$; g) $(\sqrt{x} + \sqrt{y})^2$; h) $(\sqrt{x} - \sqrt{y})^2$;

i) $(3\sqrt{a} + 4\sqrt{b})(3\sqrt{a} - 4\sqrt{b})$; k) $(\frac{2}{3}\sqrt{x} - \frac{3}{4}\sqrt{y})^2$.

25. In den folgenden Aufgaben soll die Wurzel aus dem Nenner fortgeschafft werden:

a) $\frac{1}{\sqrt{2}}$; b) $\frac{3}{\sqrt{5}}$; c) $\frac{12}{\sqrt{6}}$; d) $\frac{5}{3\sqrt{2}}$; e) $\frac{21}{5\sqrt{7}}$; f) $\frac{1}{\sqrt{a}}$; g) $\frac{a}{\sqrt{b}}$; h) $\frac{a}{b\sqrt{x}}$

26. Desgleichen in:

a) $\frac{1}{\sqrt{2}+1}$; b) $\frac{8}{\sqrt{5}-1}$; c) $\frac{4}{1-\sqrt{3}}$; d) $\frac{3}{2+\sqrt{3}}$; e) $\frac{1}{\sqrt{5}-2}$;

f) $\frac{\sqrt{7}}{\sqrt{7}-4}$; g) $\frac{3\sqrt{2}}{2\sqrt{3}+1}$; h) $\frac{2}{\sqrt{6}+\sqrt{5}}$; i) $\frac{\sqrt{10}}{\sqrt{5}+\sqrt{2}}$; k) $\frac{\sqrt{6}+\sqrt{2}}{\sqrt{6}-\sqrt{2}}$;

l) $\frac{2\sqrt{6}}{\sqrt{10}-2\sqrt{2}}$; m) $\frac{2\sqrt{6}+3\sqrt{3}}{3\sqrt{6}-2\sqrt{3}}$; n) $\frac{\sqrt{3}-\sqrt{4}}{\sqrt{3}+\sqrt{4}}$; o) $\frac{3\sqrt{2}+2\sqrt{3}}{3\sqrt{2}-2\sqrt{3}}$.

---

27. Wie werden Wurzeln mit gleichen Exponenten durcheinander dividiert? Formel!

28. a) $\frac{\sqrt{128}}{\sqrt{2}}$; b) $\frac{\sqrt[3]{81}}{\sqrt[3]{3}}$; c) $\frac{\sqrt[4]{2}}{\sqrt[4]{32}}$; d) $\frac{\sqrt[5]{2}\cdot\sqrt[5]{4}}{\sqrt[5]{16}\cdot\sqrt[5]{16}}$; e) $\frac{\sqrt{8}}{\sqrt{3}\cdot\sqrt{6}}$;

f) $\frac{3\sqrt[3]{250}}{5\sqrt[3]{2}}$; g) $\sqrt{\tfrac{3}{14}}:\sqrt{10\tfrac{1}{2}}$; h) $\sqrt[3]{5\tfrac{1}{16}}:\sqrt[3]{1\tfrac{1}{2}}$; i) $\frac{\sqrt{150}}{\sqrt{3}}$; k) $\frac{\sqrt[3]{405}}{\sqrt[3]{5}}$.

29. a) $\frac{\sqrt[3]{a^4}}{\sqrt[3]{a}}$; b) $\frac{\sqrt[5]{a^{12}bc^{16}}}{\sqrt[5]{a^2bc}}$; c) $\frac{\sqrt{a^{-3}}}{\sqrt{a^{-5}}}$; d) $\frac{\sqrt[3]{x}}{\sqrt[3]{x^{-2}}}$; e) $\frac{\sqrt[n]{a^{n+2}}}{\sqrt[n]{a^2}}$; f) $\frac{\sqrt[5]{a^7}}{\sqrt[5]{a}}$;

g) $\frac{\sqrt[x]{a^{x-4}}}{\sqrt[5]{a^{-6}}}$; h) $\frac{\sqrt[n]{a^{-n-5}}}{\sqrt[n]{a^{-2n+10}}}$; i) $\frac{\sqrt{a^2-b^2}}{\sqrt{a-b}}$.

---

30. Wie wird ein Quotient (Bruch) radiziert? Formel!

31. a) $\sqrt{\frac{144}{289}}$; b) $\sqrt{\frac{625}{256}}$; c) $\sqrt[3]{\frac{a^3}{b}}$; d) $\sqrt[3]{\frac{a}{b^3}}$; e) $\sqrt{\frac{a^6}{b^4}}$; f) $\sqrt[3]{\frac{a^6b^3}{x^3y^9}}$;

g) $\sqrt[n]{\frac{ab}{c}}$; h) $\sqrt[n]{\frac{a^{n+1}b^{n+2}}{c^{n+3}d^{n+4}}}$.

32. In den folgenden Aufgaben den Nenner unter der Wurzel fortzuschaffen:

a) $\sqrt{\frac{1}{2}}$; b) $\sqrt{\frac{2}{3}}$; c) $\sqrt{\frac{4}{5}}$; d) $\sqrt[3]{\frac{1}{2}}$; e) $\sqrt[3]{\frac{3}{5}}$; f) $\sqrt{\frac{18}{7}}$; g) $\sqrt{\frac{5}{8}}$; h) $\sqrt{\frac{2}{27}}$;
i) $\sqrt[3]{\frac{3}{4}}$; k) $\sqrt[3]{\frac{5}{9}}$; l) $\sqrt{\frac{a}{b}}$; m) $\sqrt{\frac{x}{y^3}}$.

---

33. Wie wird eine Potenz radiziert, wie eine Wurzel potenziert? Formeln!

34. a) $\sqrt{16^3}$; b) $\sqrt[3]{8^5}$; c) $\sqrt[4]{81^3}$; d) $\sqrt[5]{32^4}$; e) $(\sqrt[3]{2})^6$; f) $(\sqrt{5})^3$;
g) $(\sqrt{x})^5$; h) $(\sqrt[3]{a^2})^7$; i) $(\sqrt[5]{z^3})^6$; k) $(\sqrt{x^5})^3$; l) $(\sqrt{a\,b^3\,c^2})^5$;
m) $(\sqrt[3]{x^2\,y\,z^4})^7$; n) $\left(\sqrt{\frac{a\,b^3}{c^5}}\right)^3$.

35. a) $\sqrt{32^3}$; b) $\sqrt[3]{54^2}$; c) $\sqrt[5]{96^3}$; d) $\sqrt[4]{48^3}$.

---

36. Wie wird eine Wurzel radiziert? Formel!

37. a) $\sqrt[3]{\sqrt{27}}$; b) $\sqrt[4]{\sqrt[5]{625}}$; c) $\sqrt{\sqrt[3]{81}}$; d) $\sqrt[3]{\sqrt[4]{64}}$.

38. a) $\sqrt[m]{\sqrt[n]{x^m}}$; b) $\sqrt[a]{\sqrt[b]{p^{2a}}}$; c) $\sqrt[p]{\sqrt[q]{a^{2p}\,b^{3p}}}$; d) $\sqrt[3]{\sqrt{a\,b^6}}$; e) $\sqrt{\sqrt[3]{a^2\,b^{12}}}$.

39. Vereinfache: a) $\sqrt[4]{25}$; b) $\sqrt[6]{8}$; c) $\sqrt[10]{32}$; d) $\sqrt[15]{27}$.

---

40. Wie darf man bei der Wurzel aus einer Potenz die beiden Exponenten behandeln? Formeln!

41. Mache folgende Wurzeln zu Wurzeln mit dem Exponenten 6:
a) $\sqrt[3]{x^2}$; b) $\sqrt{a}$; c) $\sqrt[3]{x^2\,y}$; d) $\sqrt{a\,b^3}$.

42. Kürze: a) $\sqrt[6]{a^4}$; b) $\sqrt[10]{x^8}$; c) $\sqrt[12]{b^{18}}$; d) $\sqrt[8]{b^4}$; e) $\sqrt[2x]{a^{3x}}$; f) $\sqrt[4x]{a^{6y}}$;
g) $\sqrt[4x]{a^{6x}}$.

43. Bringe unter ein Wurzelzeichen: a) $\sqrt[3]{a^2}\cdot\sqrt{a}$; b) $\sqrt[4]{x^3}\cdot\sqrt{x^5}$;
c) $\sqrt[3]{p^2}\cdot\sqrt[4]{p^{-3}}\cdot\sqrt[6]{p^5}$; d) $\sqrt{2}\cdot\sqrt[3]{2}$; e) $\sqrt[3]{9}\cdot\sqrt[6]{9^5}$.

44. Desgleichen: a) $\sqrt{a^3}:\sqrt[3]{a^2}$; b) $\sqrt[4]{x^3}:\sqrt[3]{x^2}$; c) $\sqrt[3]{x}:\sqrt{x^{-1}}$;
d) $\sqrt{2}:\sqrt[3]{2}$; e) $\sqrt[3]{4}:\sqrt{6}$.

---

45. Wie entstehen Potenzen mit gebrochenen Exponenten?

46. a) $\sqrt{x^3}$; b) $\sqrt[3]{a^{27}}$; c) $\sqrt[5]{a^{15}}$; d) $\sqrt[5]{x^3}$; e) $\sqrt[6]{a^4}$; f) $\sqrt[3]{y}$; g) $\sqrt{z}$;
h) $\sqrt{6}$; i) $\sqrt[4]{9}$.

47. Verwandle rückwärts: a) $a^{\frac{2}{3}}$; b) $x^{\frac{1}{2}}$; c) $z^{\frac{4}{3}}$; d) $y^{-\frac{1}{2}}$; e) $b^{-\frac{3}{4}}$;
f) $16^{\frac{1}{2}}$; g) $32^{-\frac{1}{5}}$; h) $25^{\frac{3}{4}}$.

48. Beweise, daß die Potenzregeln auch für solche Ausdrücke gelten.

49. a) $2^{\frac{1}{3}}\cdot 2^{\frac{3}{4}}$; b) $3^{-\frac{1}{2}}\cdot 3^{\frac{2}{3}}$; c) $4^{\frac{3}{4}}\cdot 4^{-\frac{2}{3}}$; d) $3^{-\frac{1}{2}}\cdot 3^{-\frac{3}{4}}$.
e) $a^{\frac{1}{2}}\cdot a^{-\frac{1}{4}}\cdot a^{-\frac{2}{3}}$; f) $x^{1\frac{1}{2}}\cdot x^{1\frac{3}{4}}\cdot x^{-2\frac{1}{3}}$.

50. a) $3^{\frac{4}{5}}:3^{\frac{1}{2}}$; b) $5^{\frac{5}{6}}:5^{-\frac{2}{3}}$; c) $4^{-\frac{1}{2}}:4^{\frac{3}{4}}$; d) $a^{-\frac{2}{3}}:a^{-\frac{3}{4}}$.

51. a) $3^{\frac{1}{3}}\cdot 2^{\frac{1}{3}}$; b) $4^{\frac{1}{2}}\cdot 2^{\frac{1}{2}}$; c) $5^{\frac{1}{3}}\cdot 25^{\frac{1}{3}}$; d) $2^{\frac{1}{4}}\cdot 4^{\frac{1}{4}}\cdot 8^{\frac{1}{4}}$.

52. a) $12^{\frac{1}{2}}:3^{\frac{1}{2}}$; b) $625^{\frac{1}{3}}:5^{\frac{1}{3}}$; c) $16^{-\frac{2}{3}}\cdot 2^{-\frac{2}{3}}$; d) $48^{\frac{3}{4}}:3^{\frac{3}{4}}$.

53. a) $(a^{\frac{3}{4}})^{\frac{2}{3}}$; b) $(x^{-\frac{1}{2}})^3$; c) $(4^{\frac{1}{5}})^{-10}$; d) $(2^{-\frac{1}{2}})^{-4}$.

---

54. Ziehe die Quadratwurzeln aus folgenden Zahlen aus:
a) 2209; b) 841; c) 3481; d) 33,64; e) 883 600; f) 0,6724;
g) 0,000 784; h) 7 840 000.

55. Desgleichen aus:
a) 15 876; b) 10, 1124; c) 8226,49; d) 1 830 609; e) 0,70 644 025;
f) 6460, 9444; g) 535 092,25; h) 21,427 641; i) 732 189 481;
k) 5 614 355 041; l) 9,2 419 040 025.

56. Desgleichen auf soviel Dezimalstellen, wie in Klammern hinter der Zahl vermerkt ist:
a) 3 (5); b) 5 (5); c) 10 (5); d) 9,8 (4); e) 0,9 (3); f) 1,6 (4);
g) 15,345 (2); h) 3,1416 (2); i) 0,273 849 (3).

57. Ziehe die Quadratwurzel aus folgenden algebraischen Summen aus:
a) $9a^2+24ab+16b^2$; b) $25u^2-30uv+9v^2$;
c) $\frac{1}{4}x^2-\frac{2}{3}xy+\frac{4}{9}y^2$; d) $0{,}04\,m^2+0{,}12\,mn+0{,}09\,n^2$.

58. Desgleichen aus:
a) $9a^2-24ab+30ac+16b^2-40bc+25c^2$;
b) $25p^2+60pq-90pr+36q^2-108qr+81r^2$;
c) $\frac{4}{9}x^2-xy-\frac{2}{3}xz+\frac{9}{16}y^2+\frac{3}{4}yz+\frac{1}{4}z^2$;
d) $2\frac{1}{4}u^2-5uv+3\frac{3}{5}uw+2\frac{7}{9}v^2-4vw+1\frac{11}{25}w^2$.

59. Ziehe die Kubikwurzel aus folgenden Zahlen aus:
a) 2197; **b)** 6859; **c)** 262,144; **d)** 0,004 096; **e)** 0,658 503;
f) 1 481 544; **g)** 2 985 984.

60. a) $\sqrt[4]{37\,015\,056}$; **b)** $\sqrt[4]{74\,805\,201}$; **c)** $\sqrt[6]{481\,890\,304}$;
d) $\sqrt[12]{68\,719\,476\,736}$.

---

61. Was gilt von Quadratwurzeln aus negativen Zahlen? Bezeichnung: Imaginäre Zahlen; $\sqrt{-1} = i$.

62. a) $\sqrt{-16} = \sqrt{16 \cdot (-1)} = 4\sqrt{-1} = 4i$; **b)** $\sqrt{-25}$; **c)** $\sqrt{-169}$;
d) $\sqrt{-a^2}$; **e)** $\sqrt{-9x^2}$; **f)** $\sqrt{-144x^6}$.

63. a) $\sqrt{-8} = \sqrt{4 \cdot (-1) \cdot 2} = 2i\sqrt{2}$; **b)** $\sqrt{-32}$; **c)** $\sqrt{-147}$;
d) $\sqrt{-125}$; **e)** $3\sqrt{-28}$; **f)** $\frac{1}{2}\sqrt{-192}$; **g)** $6\sqrt{-567}$; **h)** $\sqrt{-96a^2}$;
i) $\sqrt{-80x}$.

64. a) $\sqrt{-8} + \sqrt{-50} - \sqrt{-98}$;
b) $2\sqrt{-12} - 5\sqrt{-27} + 3\sqrt{-75} - 4\sqrt{-48}$;
c) $\frac{1}{2}\sqrt{-20} - \frac{2}{3}\sqrt{-24} - \frac{3}{4}\sqrt{-45} + \frac{5}{6}\sqrt{-54}$;
d) $3\sqrt{-16x} - 2\sqrt{-32x^2} + 4\sqrt{-25x} - 5\sqrt{-18x^2}$.

65. a) $(\sqrt{-8} - \sqrt{-32} + \sqrt{-50}) \cdot \sqrt{2}$;
b) $(2\sqrt{-80} + 3\sqrt{-125} - 4\sqrt{-180}) \cdot 2\sqrt{5}$;
c) $(3\sqrt{-75} - \sqrt{-48} + 2\sqrt{-12}) \cdot \frac{2}{3}\sqrt{6}$;
d) $(3a\sqrt{25x} + 4a\sqrt{36x} - 5a\sqrt{16x}) \cdot 2\sqrt{-2x}$.

66. Was gibt i^2, i^3, i^4, i^5 usw. Welche Werte wiederholen sich dauernd? Reelle und imaginäre Einheiten. Komplexe Zahlen.

67. a) $\sqrt{-2} \cdot \sqrt{-8} = i\sqrt{2} \cdot i\sqrt{8} = i^2\sqrt{16} = -4$; **b)** $\sqrt{-20} \cdot \sqrt{-5}$;
c) $\sqrt{-32} \cdot \sqrt{-2}$; **d)** $\sqrt{-a} \cdot \sqrt{-b}$.

68. a) $(3 + 4i)(2 - 5i)$; **b)** $(6 - 3i)(2 - 7i)$; **c)** $(\frac{1}{2} - \frac{2}{3}i)(\frac{3}{4} + 6i)$;
d) $(2 - 3i)(3 - 4i)(4 - 5i)$.

69. a) $(5 + 6i)^2$; **b)** $(4 - 9i)^2$; **c)** $(1\frac{1}{2} + \frac{2}{3}i)^2$; **d)** $(1\frac{2}{3} - \frac{2}{5}i)^2$;
e) $(a + bi)^2$; **f)** $(u - vi)^2$; **g)** $(3 - 5i)(3 + 5i)$; **h)** $(9 - 2i)(9 + 2i)$;
i) $(a + bi)(a - bi)$.

70. a) $(2 - 3i)^3$; **b)** $(3 + i)^3$; **c)** $(2 - i)^4$; **d)** $(3 + 2i)^4$.

71. a) $\frac{3}{2 + 3i}$; **b)** $\frac{16}{3 - i}$; **c)** $\frac{5i}{6 - 2i}$; **d)** $\frac{17i}{9 + 2i}$.

72. a) $\frac{3 - 4i}{4 + 2i}$; **b)** $\frac{15(2 - 3i)}{4 + 3i}$; **c)** $\frac{4 + 5i}{4 - 5i}$; **d)** $\frac{26(12 - 5i)}{5 + 12i}$.

§ 3. Logarithmen*).

1. Welche Aufgabe wird aus der Gleichung $2^3 = 8$, wenn der Wert der Potenz (8) und die Basis (2) gegeben sind? Schreibweise (statt $2^x = 8$). Bezeichnung: Logarithmus, Logarithmand] oder Numerus, Basis des Logarithmus.

Welche Beschaffenheit muß also der gesuchte Exponent haben?

2. Welche Probe läßt sich auf die Rechnung $\log 8_{(2)} = 3$ machen? Welche Zahl wird also durch $\log 8_{(2)}$ dargestellt? Oder welche Eigenschaft hat $\log 8_{(2)}$?

3. Bestimme die Logarithmen zur Basis 2 von **a)** 32; **b)** $\frac{1}{4}$; **c)** 256; **d)** 1; **e)** 2; **f)** $\frac{1}{2}$; **g)** 1024; **h)** $\frac{1}{32}$.

4. Welches sind die Logarithmen zur Basis 5 von **a)** 125; **b)** 3125; **c)** 78 125; **d)** 5; **e)** 1; **f)** $\frac{1}{25}$; **g)** $\frac{1}{625}$; **h)** $\frac{1}{15625}$?

5. Desgleichen zur Basis 3 von **a)** 27; **b)** $\frac{1}{3}$; **c)** 243; **d)** 1; **e)** $\frac{1}{9}$; **f)** 2187; **g)** $\frac{1}{81}$.

6. Desgleichen zur Basis 10 (die gemeinen oder Briggsschen Logarithmen) von **a)** 100; **b)** 10; **c)** 10 000; **d)** 1 000 000; **e)** 1; **f)** 0,1; **g)** 0,001; **h)** 0,00 001.

7. Berechne die Potenzen von 2 für die Exponenten 1, 2, 3 ... bis 20 und stelle in zwei Spalten nebeneinander links die errechneten Potenzen und rechts die zugehörigen Exponenten. Wie kann man diese kleine Tafel benutzen, um schnell zu berechnen: **a)** 16×512; **b)** 256×4096; **c)** 65 536 : 128; **d)** 524 288 : 16 384; **e)** 128^2; **f)** 64^3; **g)** $\sqrt{16\,384}$; **h)** $\sqrt[3]{32\,768}$? Weshalb läßt sich diese Tafel nicht für beliebige Zahlen benutzen?

8. Stelle eine Reihe von Zahlen auf, deren Logarithmen zur Basis 5 den ganzen Zahlen von + 8 bis — 8 gleich sind, und beurteile danach, zwischen welchen ganzen Zahlen liegen **a)** log 948; **b)** log 90 846; **c)** $\log \frac{1}{8}$; **d)** $\log \frac{3}{85}$; **e)** log 0,07; **f)** log 0,0009 (sämtlich zur Basis 5).

9. Stelle eine Reihe von Zahlen auf, deren Logarithmen zur Basis 10 den ganzen Zahlen von + 6 bis — 6 gleich sind, und beurteile danach, zwischen welchen ganzen Zahlen liegen **a)** log 643; **b)** log 16; **c)** log 8264,7; **d)** log 0,04; **e)** log 0,00056; **f)** log 0,00009, sämtlich zur Basis 10.

Welchen Vorteil gewährt also die Benutzung der gemeinen Logarithmen?

10. Bestimme, um den Wert von $\log 3_{(10)}$ in immer engere Grenzen einzuschließen, auf Grund der Gleichung $10^x = 3$ zunächst durch fortgesetztes Quadrieren 10^{2x}, 10^{4x}, 10^{3x}, 10^{16x}, 10^{32x}, 10^{64x}, die beiden letzten

*) S. hierzu auch IV § 6.

Potenzen nur sehr stark abgerundet. Stelle darauf fest, zwischen welchen ganzen Zahlen x, $2x$, $4x$, $8x$, $16x$, $32x$, $64x$ liegen muß und demnach zwischen welchen Dezimalbrüchen der Reihe nach x.

11. Welche Beziehung besteht zwischen $\log 100000_{(10)} = \log 1000 \cdot 100_{(10)}$ und den Logarithmen von 1000 und 100? Welche Beziehung andererseits zwischen $\log 1000_{(10)} = \log 100000 : 100_{(10)}$ und den Logarithmen von 100000 und 100?

Wie wird ein Produkt logarithmiert, wie ein Quotient (Bruch)? Formeln, Beweise! (vgl. auch 7).

12. Wenn $\log 3_{(10)} = 0{,}4771$ ist, wie groß sind dann die gemeinen Logarithmen von 30 ($= 3 \times 10$), 3000, 3000000, 0,3 ($= \frac{3}{10}$), 0,003, 0,00003? Worin stimmen alle diese Logarithmen überein, worin nicht? (Kennziffer, Mantisse).

13. Welches sind die gemeinen Logarithmen von 37,8; 37800; 0,0378; 378; 0,000378, wenn $\log 3{,}78_{(10)} = 0{,}5775$ ist? Fragen wie zu 12.

14. Welches sind demnach die (positiven oder negativen) Kennziffern der Logarithmen *) von 8206,7; 480,24; 13,49; 8,246; 0,457, 0;07982; 0,000672. Regel!

15. Bestimme mit Hilfe der (vier- oder fünfstelligen) Logarithmentafel:

vierstellig	fünfstellig
a) log 9; **b)** log 38; **c)** log 264;	**a)** log 9; **b)** log 38; **c)** log 264;
d) log 16,8; **e)** log 42,9;	**d)** log 785,6; **e)** log 73,08;
f) log 0,4; **g)** log 0,056;	**f)** log 8,234; **g)** log 0,4; **h)** log 0,056;
h) log 0,784; **i)** log 0,00292.	**i)** log 0,8394; **k)** log 0,003009.

16. Bestimme umgekehrt den Numerus x zu folgenden Logarithmen:

a) $\log x = 1{,}8407$;	**a)** $\log x = 1{,}96061$;
b) $\log x = 4{,}2765$;	**b)** $\log x = 4{,}77004$;
c) $\log x = 2{,}0294$;	**c)** $\log x = 2{,}01787$;
d) $\log x = 0{,}7007$;	**d)** $\log x = 0{,}80243$;
e) $\log x = 0{,}9143 - 1$;	**e)** $\log x = 0{,}06032 - 1$;
f) $\log x = 0{,}0864 - 3$.	**f)** $\log x = 0{,}88880 - 3$.

17. Vergleiche die Logarithmen der aufeinanderfolgenden Zahlen
3460, 3470, 3480 ...... 3560 | 34650, 34651 34660
Was ist über die Zunahme der Logarithmen auszusagen? Weshalb ist die Zunahme (innerhalb dieser engen Grenzen) in Wirklichkeit noch gleichmäßiger, als sie nach der Tafel erscheint?

18. Wie kann man hiernach (durch Interpolation) bestimmen:
log 4261, log 4286, log 4327? | log 42651, log 42654, log 42 657?

---

*) Von hier an ist beim Fehlen der Basis die Basis 10 zu ergänzen.

19. Bestimme:

a) log 14,89; **b)** log 0,3045;	**a)** log 14,892; **b)** log 0,30447;
c) log 809,7; **d)** log 2,706;	**c)** log 809,74; **d)** log 2,7058;
e) log 482 500; **f)** log 0,02118;	**e)** log 482520; **f)** log 0,021184;
g) log 4,239; **h)** log 0,007141.	**g)** log 4,2386; **h)** log 0,0071407.

20. Bestimme den Numerus x in:

a) $\log x = 0{,}2345$;	**a)** $\log x = 0{,}23456$;
b) $\log x = 3{,}149$;	**b)** $\log x = 3{,}1488$;
c) $\log x = 4{,}3174$;	**c)** $\log x = 4{,}31749$;
d) $\log x = 0{,}5 - 2$;	**d)** $\log x = 0{,}5 - 2$;
e) $\log x = 1{,}2982$;	**e)** $\log x = 1{,}29760$;
f) $\log x = 3{,}4$;	**f)** $\log x = 3{,}4$;
g) $\log x = 0{,}0248 - 1$;	**g)** $\log x = 0{,}02482 - 1$;
h) $\log x = 2{,}19$.	**h)** $\log x = 2{,}19$.

21. Berechne *) nach der ersten Regel in 11:
a) $3{,}14 \cdot 4{,}562$; **b)** $14608 \cdot 0{,}024796$; **c)** $0{,}023 \cdot 90{,}25$;
d) $19{,}242 \cdot 0{,}0084568$; **e)** $0{,}4567 \cdot 0{,}02893$; **f)** $127{,}89 \cdot 0{,}14071$.

22. Desgleichen nach der zweiten Regel in 11:
a) $14{,}96 : 8{,}74$; **b)** $3{,}5462 : 1{,}9286$; **c)** $3{,}845 : 0{,}2961$;
d) $0{,}049678 : 0{,}0892$; **e)** $132{,}9 : 368{,}2$; **f)** $389{,}74 : 4908{,}7$.

23. **a)** $\log(abc)$; **b)** $\log\frac{ab}{c}$; **c)** $\log\frac{a}{bc}$; **d)** $\log\frac{ab}{cd}$.

24. Berechne:
a) $3{,}14 \cdot 0{,}85 \cdot 1{,}684$; **b)** $0{,}85692 \cdot 14{,}8 \cdot 0{,}0030002$;
c) $\frac{0{,}806 \cdot 13{,}94}{10{,}86}$; **d)** $\frac{0{,}92046 \cdot 0{,}080269}{0{,}8886}$; **e)** $\frac{13{,}05}{34{,}7 \cdot 5{,}608}$
f) $\frac{4{,}2708}{192{,}57 \cdot 0{,}7423}$; **g)** $\frac{3{,}24 \cdot 19{,}86}{102{,}7 \cdot 8{,}3}$; **h)** $\frac{17{,}049 \cdot 8{,}05}{343{,}4 \cdot 0{,}79847}$.

25. Wie wird eine Potenz logarithmiert, wie eine Wurzel? Formeln! (vgl. auch 7).

26. Berechne hiernach:
a) $3{,}186^2$; **b)** $17{,}45^3$; **c)** $0{,}30789^3$; **d)** $0{,}0489^2$; **e)** $\sqrt{3}$; **f)** $\sqrt[3]{4}$;
g) $\sqrt{3{,}147}$; **h)** $\sqrt[3]{0{,}9}$; **i)** $\sqrt[4]{18{,}929}$; **k)** $\sqrt[5]{0{,}0076243}$.

27. **a)** $\log a^2 b$; **b)** $\log\frac{a^3}{b^2}$; **c)** $\log a\sqrt{b}$; **d)** $\log\frac{1}{b}\sqrt{a}$; **e)** $\log(ab)^2$;

---

*) Von hier an sind beim Rechnen mit vierstelligen Logarithmen die gegebenen Zahlen erst auf 4 geltende Ziffern abzurunden.

f) $\log\left(\frac{a}{b}\right)^3$; g) $\log\frac{a b^2}{c}$; h) $\log\frac{a^2 b^3}{c^4}$; i) $\log\sqrt{a b}$; k) $\log\sqrt[3]{\frac{a}{b}}$;

l) $\log\frac{a\sqrt{b}}{c}$; m) $\log\frac{a\sqrt[3]{b}}{c\sqrt{d}}$.

28. Berechne:

a) $7{,}23\cdot 0{,}5074^2$; b) $\frac{3{,}067^2}{0{,}9243^3}$; c) $6{,}05^2\cdot\sqrt[3]{0{,}6}$; d) $\frac{1}{8}\cdot\sqrt{5}$;

e) $(1{,}56\cdot 0{,}874)^3$; f) $\left(\frac{7{,}8407}{12{,}123}\right)^2$; g) $\frac{3{,}1\cdot 0{,}869^3}{0{,}02856}$; h) $\frac{9{,}84^3\cdot 0{,}76^4}{12{,}96^2}$;

i) $\sqrt[3]{0{,}89\cdot 17{,}428}$; k) $\sqrt{\frac{0{,}82578}{1{,}2802}}$; l) $\frac{7{,}24\cdot\sqrt{0{,}2}}{16{,}02}$; m) $\frac{13{,}4\cdot\sqrt{0{,}006}}{4{,}57\cdot\sqrt{3{,}8289}}$.

29. a) $\sqrt{48{,}658^2+13{,}049^2}$; b) $\sqrt{0{,}3806^2-0{,}089371^2}$;

c) $\sqrt{6{,}459^2+11{,}24^2+9{,}327^2}$; d) $\sqrt{0{,}857^2+0{,}09468^2-0{,}38052^2}$.

30. a) In einem rechtwinkligen Dreieck sind die Katheten $a = 25{,}83$ cm, $b = 11{,}49$ cm. Wie groß sind Hypotenuse, Höhe und Hypotenusenabschnitte?

b) In einem rechtwinkligen Dreieck ist die Kathete $a = 0{,}843$ m und ihre Projektion auf die Hypotenuse $p = 0{,}656$ m. Wie groß sind die Hypotenuse, die Höhe und die andere Kathete?

c) In einem rechtwinkligen Dreieck sind die beiden Hypotenusenabschnitte $p = 1{,}247$ dm und $q = 0{,}526$ dm. Wie groß sind die Höhe und die beiden Katheten?

d) Wie groß sind: a) die Oberfläche, b) die Flächendiagonalen, c) die Körperdiagonale eines Rechtkants, das die Kanten $a = 7{,}234$ m, $b = 4{,}856$ m und $c = 3{,}476$ m besitzt?

Aufgaben zum logarithmischen Rechenschieber.

31. Stelle dir auf folgende Weise einen einfachen Rechenschieber her. Lege zwei scharf gefaltete Papierstreifen oder zwei Papp- oder Holzstreifen von 25—30 cm Länge mit geraden Kanten aneinander und trage gleichzeitig auf beiden von demselben Anfangspunkt aus nach rechts Strecken ab, die den Briggsschen Logarithmen der ganzen Zahlen von 1—10, also den Zahlen 0; 0,301; 0,477; ... bis 1 nach einem willkürlich gewählten Maßstab entsprechen. Es werde z. B. log 10 durch 20 cm dargestellt, so daß die Strecken 0; 6,02 cm; 9,54 cm usw. abzutragen sind. Die Endpunkte der Strecken werden statt mit log 1, log 2 usw. nur mit 1, 2 usw. bezeichnet, wozu log hinzuzudenken ist. Füge alsdann noch die Punkte ein, die in derselben Weise den Logarithmen von 1,1; 1,2; ... bis 9,9 entsprechen. Die entstandenen Leitern (Skalen) sollen mit C und D bezeichnet werden.

32. Stelle außerdem wenigstens noch eine Leiter D her, bei der log 10 wie bei den meisten käuflichen Rechenschiebern durch eine Strecke von 25 cm dargestellt ist, und bewahre diese Leiter für eine spätere Verwendung (s. 37 und 42) auf.

33. Die käuflichen Rechenschieber enthalten noch zwei weitere, unter sich gleiche Leitern A und B, die auf ähnliche Weise hergestellt werden können, bei denen aber log 10 nicht durch 25 cm, sondern durch 12,5 cm dargestellt ist, so daß auf die ganze Erstreckung von 25 cm zwei unter sich genau gleiche Leitern entfallen, nämlich von log 1 bis log 10 und von log 10 bis log 100. Die äußeren Enden aller Leitern werden durch den linken und rechten Kennstrich begrenzt, bei A und B stoßen die inneren Enden der einzelnen Leitern im mittleren Kennstrich zusammen. Die Leitern B und C befinden sich auf einer zwischen A und D verschiebbaren Zunge. Ein verschiebbarer Läufer gestattet festzustellen, welche Striche gerade übereinander sind.

34. Die Strecken auf den Leitern, vom linken Kennstrich an gemessen, entsprechen also den Briggsschen Logarithmen der beigesetzten (oder hinzuzudenkenden) Zahlen. Geht man also, wie an A und B leicht ersichtlich, von einer Zahl a um eine ganze Leiter (d. h. um log 10) nach rechts, so kommt man zu dem Logarithmus der 10 mal so großen Zahl ($\log a + \log 10 = \log 10a$); geht man dagegen um eine ganze Leiter nach links, so gelangt man zu dem Logarithmus der 10 mal so kleinen Zahl ($\log a - \log 10 = \log \frac{x}{10}$). Die 10 mal so große wie die 10 mal so kleine Zahl wird aber mit denselben Ziffern geschrieben, nur der Stellenwert der Ziffern ist verschieden.

35. **a)** Gib der Reihe nach die Zahlenwerte aller Teilstriche zwischen 4 und 5 auf den Leitern A und D an, zuerst mit Komma (z. B. 4,53 oder 45,3), dann nur die Ziffern, gesprochen vier — fünf — drei.

b) Desgleichen zwischen 3 und 4 sowie zwischen 1,2 und 1,3 auf C und D.

c) Was bedeutet der 7. Teilstrich nach 2 auf A und D, nach 5 auf A und D, nach 1,6 auf D?

d) Suche die folgenden Striche auf D (oder A) auf, stelle darauf den Läufer ein und lies den gerade darüber (darunter) befindlichen Strich auf C (B) ab: 565; 304; 619; 136; 108. Wie in diesen Angaben soll auch das Ergebnis ohne Komma gelesen werden.

36. Multiplikation zweier Zahlen (ohne Rückschlag).

$$x = ab; \quad \log x = \log a + \log b.$$

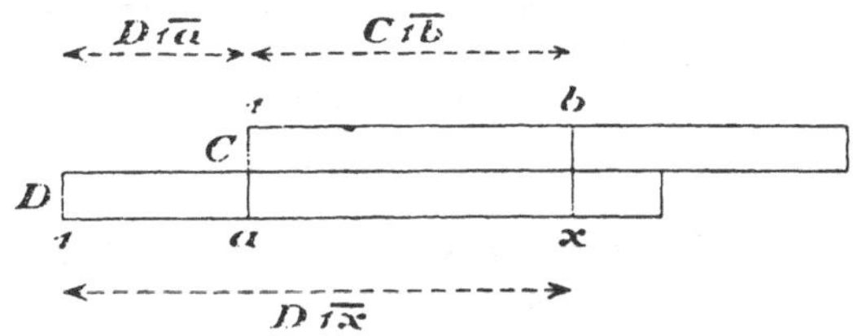

Fig. 1.

$C\,1$ wird über $D\,a$ eingestellt, $D\,x$ unter $C\,b$ abgelesen.

$$D\,\overline{1\,x} = D\,\overline{1\,a} + C\,\overline{1\,b}.$$

Ebenso können die Leitern A und B benutzt werden, liefern aber nicht so genaue Ergebnisse (weshalb?).

Berechne mit Hilfe des Rechenschiebers, indem du das Komma am Schluß mittels eines Überschlags bestimmst:

a) $2 \cdot 3$; **b)** $2{,}3 \cdot 3{,}4$; **c)** $1{,}34 \cdot 4{,}7$; **d)** $7{,}4 \cdot 1{,}21$; **e)** $0{,}18 \cdot 4{,}75$; **f)** $1{,}08 \cdot 6{,}23$; **g)** $2{,}69 \cdot 3{,}04$.

37. Multiplikation zweier Zahlen mit Rückschlag.

$$x = a\,b;\ \log x = \log a + \log b\,.$$

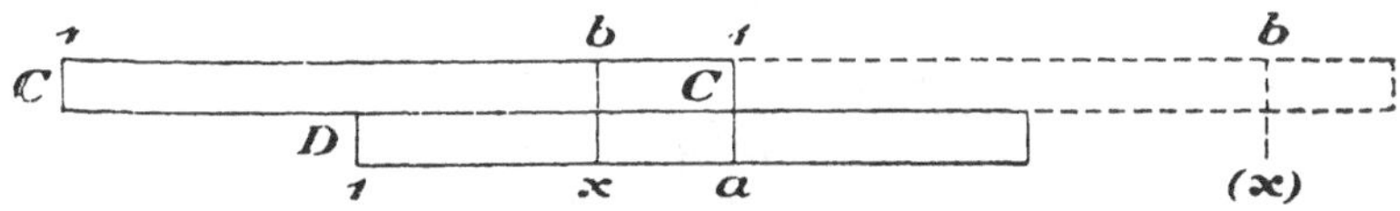

Fig. 2.

Ragt $C\,b$ über die Leiter D hinaus, so daß sich darunter das x nicht ablesen läßt, so verschiebt man C um die ganze Leiter nach links (Rückschlag), so daß jetzt ihr rechter Kennstrich über $D\,a$ steht. Die dann unter $C\,b$ befindliche Zahl stimmt mit der gesuchten Zahl x in den Ziffern (nach 34) vollständig überein, wie man auch einsieht, wenn man die in 32 hergestellte Leiter D vor dem Rückschlag an die Schieberleiter D rechts und nach dem Rückschlag links anlegt. Die Ziffern genügen aber, da das Komma nachträglich durch Überschlagsrechnung bestimmt wird. (Bei Benutzung der Leitern A und B ist kein Rückschlag notwendig.)

Bestimme: **a)** $3 \cdot 4$; **b)** $3{,}5 \cdot 7{,}9$; **c)** $0{,}18 \cdot 8{,}4$; **d)** $16{,}2 \cdot 6{,}94$; **e)** $0{,}256 \cdot 0{,}63$; **f)** $2{,}08 \cdot 9{,}29$.

38. Multipliziere 1,26 mit **a)** 3,94; **b)** 1,09; **c)** 9,74; **d)** 4,8; **e)** 6,12; **f)** 8,81; **g)** 5,07.

Welche Reihenfolge wird man am besten im Hinblick auf notwendige Rückschläge wählen?

39. Multipliziere unter Anwendung des Läufers ohne Feststellung der Zwischenergebnisse: **a)** 2. 3. 4; **b)** 1,8. 5,9. 3,7; **c)** 1,247. 3,02. 1,84; **d)** 13,7. 4,83. 0,92; **e)** 3,94. 18,2. 0,0645.

40. a) Welchen Rauminhalt hat ein Rechtkant, dessen Seiten 3,4; 5,8; 9,7 cm lang sind?

b) Den Mantel eines Zylinders zu berechnen, dessen Grundflächenradius 32,6 cm und dessen Höhe 1,94 m beträgt.

c) Welchen Flächeninhalt hat der Mantel eines Kegels, dessen Grundflächenradius 14,9 cm und dessen Seitenlinie 85,2 cm beträgt?

41. Division zweier Zahlen (ohne Vorschlag).

$$x = a : b; \quad \log x = \log a - \log b.$$

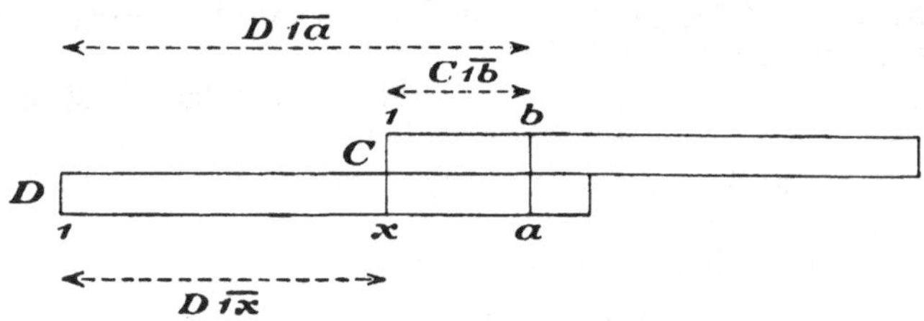

Fig. 3.

$C\,b$ wird über $D\,a$ eingestellt, $D\,x$ unter $C\,1$ abgelesen.

$$D\,\overline{1\,x} = D\,\overline{1\,a} - C\,\overline{1\,b}.$$

Entsprechend können die Leitern A und B benutzt werden.

Bestimme: **a)** 6 : 3; **b)** 5,9 : 3,7; **c)** 90,4 : 23,8; **d)** 2,6 : 18,4; **e)** 0,394 : 1,26; **f)** 0,0246 : 0,139; **g)** 1 : 7; **h)** 1 : π.

42. Division zweier Zahlen mit Vorschlag.

$$x = a : b; \quad \log x = \log a - \log b.$$

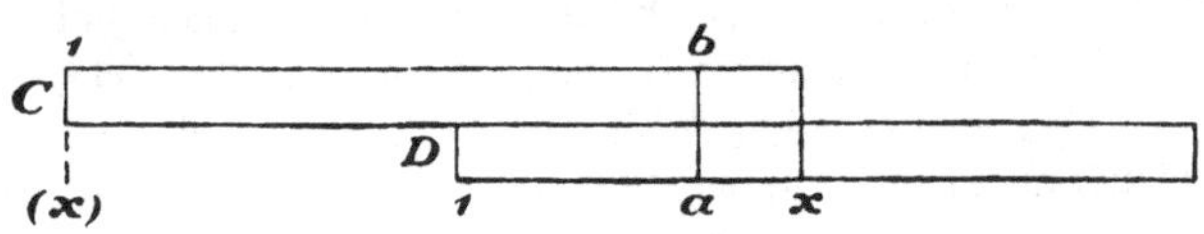

Fig. 4.

Ragt $C\,1$ über den Leiter D nach links hinaus, so daß sich darunter das x nicht ablesen läßt, so findet man die Ziffern von x (nach 34) unter dem rechten Kennstrich von C, wie man auch einsieht, wenn man die in 32 hergestellte Leiter D an die Schieberleiter D links anlegt.

a) 3 : 4; **b)** 19 : 2,7; **c)** 3,06 : 52,3; **d)** 1,8 : 9,45; **e)** 23,7 : 4,6; **f)** 1 : 7; **g)** 1 : π; **h)** 1 : 2,9; **i)** 1 : 0,865.

43. Multiplikation in Verbindung mit Division. Hierbei kann die Reihenfolge mehr oder weniger zweckmäßig gewählt werden.

Beispiel: $\frac{3 \cdot 4 \cdot 9}{5 \cdot 7}$. Rechnet man in der Reihenfolge 3. 4. 9 : 5 : 7, so ist die Zunge viermal zu verschieben (darunter zwei Rückschläge); bei der Reihenfolge 9 : 7. 4 : 5 : 3 genügen zwei Zungenstellungen.

a) $\frac{5{,}7 \cdot 0{,}23}{4{,}1}$; **b)** $\frac{1{,}85 \cdot 6{,}3}{12{,}4}$; **c)** $\frac{13{,}9}{0{,}051 \cdot 8{,}27}$; **d)** $\frac{2{,}3 \cdot 3{,}4 \cdot 4{,}5}{5{,}6 \cdot 6{,}7}$;

e) $\frac{13 \cdot 0{,}68 \cdot 2{,}94}{3{,}5 \cdot 0{,}82}$.

44. a) Die Höhe eines Rechtkants zu berechnen, dessen Rauminhalt 827 ccm beträgt und dessen Grundkanten die Längen 6,9 und 7,4 cm haben.

b) Wie groß ist die Seitenlinie eines geraden Kegels, dessen Mantel 946 qcm faßt und dessen Grundfläche einen Halbmesser von 11,4 cm hat?

c) Welchen Halbmesser hat die Grundfläche eines geraden Zylinders, wenn der Mantel 3120 qcm faßt und die Höhe 48 cm lang ist?

45. Verschiebt man die Zunge so weit, daß der Strich a auf A gerade über dem Strich b auf B steht, und steht dann an einer andern Stelle c auf A gerade über d auf B, was man mit Hilfe des Läufers leicht feststellen kann, so ist $\frac{c}{d} = \frac{a}{b}$.

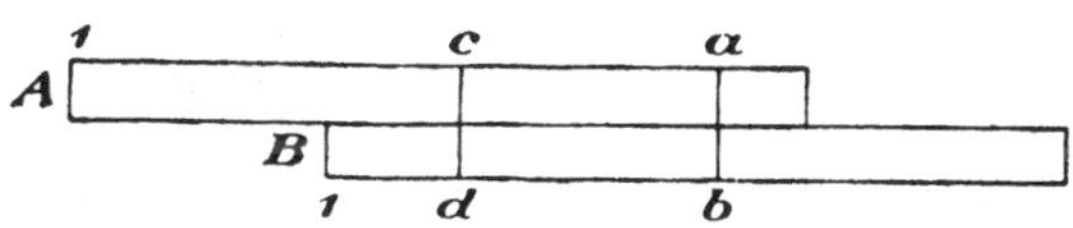

Fig. 5.

Es ist nämlich $A\,\overline{1a} - B\,\overline{1b} = A\,\overline{1c} - B\,\overline{1d}$, weil beide Differenzen gleich $\overline{A\,1\,B\,1}$ sind, oder $\log a - \log b = \log c - \log d$, woraus $\frac{a}{b} = \frac{c}{d}$ folgt. Bei der obigen Zungenstellung lassen sich also zahllose Brüche finden, die gleich $\frac{a}{b}$ sind.

Benutze diesen Umstand zur Bestimmung der vierten Proportionale zu **a)** 13; 19; 23; **b)** 0,71; 1,23; 1,08; **c)** 7,12; 8,04; 9,5.

46. a) In einer Zeichnung wird eine Strecke von 17 cm wirklicher Länge durch eine solche von 25 cm wiedergegeben; wodurch werden alsdann Strecken von 13; 18,2; 27,7; 3,06; 0,45 cm wirklicher Länge dargestellt?

b) Welche wirkliche Länge haben im Falle a Strecken, die in der Zeichnung 9,6; 14,7; 1,03; 44,8 cm messen?

c) Wieviel ist 6,3% von 127; 48,5; 916 kg?

d) Wieviel ist 2,7%; 3,4%; 4,5% von 328 M?

e) Wenn 9 Arbeiter 50 M verdienen, wieviel verdienen dann 17; 28; 7 Arbeiter?

f) Wenn man 4,3 kg für 12,50 M erhält, was kosten dann 2,7 kg?

47. a) Reaumurgrade verhalten sich zu Celsiusgraden wie 4 : 5; wieviel Grad R sind 12,7°; 29°; 8,2° C, und wieviel Grad C sind 13,9; 7,3; 54,1° R?

b) Eine Seemeile ($= \frac{1}{60}$ Äquatorgrad) ist gleich 1,855 km. Verwandle hiernach in km 5; 13,4; 1,63 Seemeilen und in Seemeilen 13; 2,06; 1,005; 0,764 km.

c) Für die Größe eines Längengrades in verschiedenen Breiten (des wirklichen Erdsphäroids) gilt folgende Übersicht:

Breite	0°	48°	49°	50°	51°	52°	53°	54°
km	111,3	74,6	73,2	71,7	70,2	68,7	67,1	65,6

Verwandle für die verschiedenen Breiten in km 2,5 Längengrade, 16,2 Längenminuten und in Längengrade oder -minuten 100 km.

d) Ein Pfund Sterling ist gleich 20,4 *RM.*, ein Dollar gleich 4,25 *RM.* Verwandle in *RM.* 47; 17,5 Pfd. St.; 3,95; 114,3 Dollar und in Pfd. St. oder Dollar 28,6; 19,25; 5,06 *RM.*

48. Interpoliere beim logarithmischen Rechnen:

a) Tafeldifferenz 23; zu berücksichtigen die Ziffer 6, 8, 9, 3;

b) Tafeldifferenz 34; zu berücksichtigen eine Differenz von 19, 5, 27, 18.

49. Interpoliere beim trigonometrischen Rechnen:

a) Tafeldifferenz 18 für 10′ (oder Sekunden *)); zu berücksichtigen 6′, 4′, 9′, 7′ (oder Sekunden *));

b) Tafeldifferenz 39 für 10′ (oder Sekunden *)); zu berücksichtigen eine Differenz von 11, 4, 29, 17.

50. Quadrierung und Quadratwurzelziehen.
Der Maßstab der Leitern C und D ist doppelt so groß als der von A und B. Ist dieser Maßstab bei A und B gleich m, d. h. log 10 dargestellt durch m cm, so ist die Strecke, die $\log a$ darstellt, gleich $m \cdot \log a$ cm, eine gleich lange Strecke auf C und D also gleich $2\,m \log x$ cm. Daraus folgt aber $\log a = 2 \log x$ oder $a = x^2$ und umgekehrt $x = \sqrt{a}$, wie auch der Rechenschieber zeigt. Daher kann der Rechenschieber unter Benutzung des Läufers zum Quadrieren und Quadratwurzelziehen verwandt werden. Bestimme hiernach **a)** $2{,}5^2$; **b)** $1{,}74^2$; **c)** $0{,}94^2$; **d)** π^2; **e)** $1{,}068^2$.

51. Beim Quadratwurzelziehen ist dabei folgende Vorsicht zu beachten: Teile den Radikanden wie beim gewöhnlichen Verfahren vom Komma aus in

*) beim Rechnen mit fünfstelligen Logarithmen der trigon. Funktionen.

Gruppen zu zwei Ziffern ab; enthält die erste Gruppe nur eine in Betracht kommende Ziffer, so ist er auf der linken Hälfte von A, bei zwei Ziffern dagegen auf der rechten Hälfte von A aufzusuchen (weshalb?). Bestimme hiernach: **a)** $\sqrt{48{,}5}$; **b)** $\sqrt{1{,}8}$; **c)** $\sqrt{\pi}$; **d)** $\sqrt{833}$; **e)** $\sqrt{8330}$; **f)** $\sqrt{0{,}7}$; **g)** $\sqrt{0{,}07}$; **h)** $\sqrt{0{,}0216}$; **i)** $\sqrt{102{,}3}$.

52. **a)** $(3{,}4 \cdot 0{,}562)^2$; **b)** $(12{,}9 \cdot 1{,}8)^2$; **c)** $\sqrt{8{,}06 \cdot 4{,}23}$; **d)** $\sqrt{12{,}8 \cdot 9{,}46}$.

53. **a)** $3{,}9^2 \cdot 2{,}4$; **b)** $0{,}45^2 \cdot 23{,}5$; **c)** $1{,}74^3$; **d)** $0{,}2\sqrt{11}$; **e)** $16{,}4 \cdot \sqrt{2{,}93}$.

54. **a)** $(14{,}6 : 9{,}08)^2$; **b)** $(7{,}4 : 5{,}61)^2$; **c)** $\sqrt{3{,}9 : 2{,}02}$; **d)** $\sqrt{1{,}046 : 0{,}58}$.

55. **a)** $0{,}86^2 : 0{,}75$; **b)** $18{,}4 : 2{,}6^2$; **c)** $\frac{1}{6}\sqrt{23}$; **d)** $1{,}5 : \sqrt{68{,}4}$.

56. Wie groß ist **a)** der Flächeninhalt eines Kreises vom Halbmesser 5,62 cm; **b)** der Halbmesser eines Kreises vom Flächeninhalt 86,2 qcm; **c)** der Rauminhalt eines Zylinders mit $r = 7{,}2$ cm und $h = 58{,}4$ cm; **d)** der Halbmesser einer Kugel, deren Oberfläche 129 qcm faßt?

57. Wie groß sind die Ordinaten der Parabel $y^2 = 8{,}35\,x$ für $x = 0{,}1; 0{,}2; 0{,}3 \ldots\ldots$ bis 2,4?

Exponentialgleichungen.

58. **a)** $10^x = 10^5$; **b)** $10^{5x} = 10^{2,5}$; **c)** $10^{3x-2} = 10^{2x-3}$; **d)** $10^{3x+7} = 10^{x+15}$; **e)** $3^x = 3^{-4}$; **f)** $3^{2x+6} = 3^{5x-6}$; **g)** $2^{x-7} = 2^{3x+5}$.

59. **a)** $2^{3x} = 8^5$; **b)** $3^{5x} = 81^2$; **c)** $5^{2x+3} = 25^{3x}$; **d)** $3^{2x+5} = 27^{-5}$; **e)** $25^{2x} = 5^{14}$; **f)** $8^x = 2^5$; **g)** $16^{x-3} = 2^{3x+1}$; **h)** $9^{5x-6} = 27^{3x+4}$; **i)** $16^{7x-2} = 32^{3x+1}$.

60. **a)** $10^x = 23$; **b)** $10^{2x} = 0{,}353$; **c)** $10^{-5x} = 2678$; **d)** $10^{3x-4} = 0{,}02356$; **e)** $10^{5-2x} = 36{,}8$; **f)** $10^x = a$; **g)** $10^{ax+b} = c$.

61. *) **a)** $3^x = 14$; **b)** $5{,}4^x = 36{,}95$; **c)** $2^x = 0{,}1234$; **d)** $0{,}023^x = 0{,}1296$; **e)** $0{,}8^x = 0{,}002946$ (2 Stellen); **f)** $a^x = b$.

62. **a)** $24^x = 6^3$; **b)** $1{,}5^x = 0{,}3^8$; **c)** $0{,}04^x = 0{,}39^2$; **d)** $a^x = b^n$.

63. **a)** $2^{3x} = 15$; **b)** $3{,}6^{4x} = 1{,}24$; **c)** $0{,}5^{3x} = 0{,}027$ (2 Stellen); **d)** $0{,}05^{2x} = 0{,}9^3$ (4 Stellen); **e)** $a^{bx} = c$; **f)** $a^{bx} = c^d$.

64. **a)** $1{,}2^{3x-2} = 13{,}94$; **b)** $0{,}85^{5-2x} = 0{,}09146$; **c)** $3{,}045^{4x+5} = 0{,}95^2$; **d)** $a^{bx+c} = d$; **e)** $a^{bx+c} = d^n$.

65. **a)** $3^{2x+1} = 2^{3x}$ (2 Stellen); **b)** $0{,}5^{4x} = 0{,}02^{5x-3}$; **c)** $2^{3x+5} = 5^{2x-3}$; **d)** $5{,}2^{2x+1} = 0{,}75^{3x-1}$; **e)** $a^{bx+c} = d^{ex+f}$.

---

*) Von hier an sind die vorkommenden Divisionen abgekürzt auf 3 Dezimalstellen auszuführen, falls nichts anderes bemerkt ist.

Dritter Teil: Gleichungen.

§ 1. Gleichungen ersten Grades mit einer Unbekannten.

A.

1. Welche Zahl gibt, um 6 vermehrt, 18?
2. Zu welcher Zahl muß man 16,2 addieren, um 34,8 zu erhalten?
3. Welche Zahl gibt, zu $67\frac{1}{2}$ addiert, 112?
4. Ein Kapital wuchs durch 42 ℳ Zinsen auf 1092 ℳ an; wie groß war das Kapital? (Allgemeine Formel!)
5. Ein Kapital von 2560 ℳ wuchs durch die Zinsen auf 2675,20 ℳ an; wieviel betrugen die Zinsen?
6. Einem Guthaben auf der Sparkasse fügt jemand monatlich 15 ℳ zu; wie groß war das Guthaben, wenn es nach einem Jahr auf 465 ℳ angewachsen war?
7. In einem gleichschenkligen Dreieck sind die Winkel an der Grundlinie je 54^0 groß; wie groß ist der Winkel an der Spitze?
8. Ein Bäcker verkaufte 136 Brötchen, je 2 Stück für 5 ₰, und hatte schließlich 11,72 ℳ in der Kasse. Wieviel Geld war ursprünglich darin gewesen?
9. Ein Kaufmann verkaufte einen Sack Kaffee von 60 kg, das kg zu 3,20 ℳ, und erzielte dabei einen Gewinn von 17 ℳ. Wie groß war der Einkaufspreis gewesen? (Allgemeine Formel!)
10. Welchen Gewinn brachte eine Vierteltonne Heringe, wenn sie im Einkauf 19 ℳ kostete und die darin enthaltenen 212 Heringe mit 11 ₰ das Stück verkauft wurden?

11. $x + a = b.$ **12.** $p + x = q.$ **13.** $x + 7a = 25a.$

14. $13p + x = 24p.$ **15.** $x + 12 = 5.$ **16.** $8a + x = 2a.$

17. $x + \frac{1}{2} = \frac{4}{5}.$ **18.** $3\frac{3}{4} + x = 2\frac{1}{2}.$ **19.** $x + 0{,}756 = 8{,}4.$

20. $x + 2\frac{2}{3} = 1\frac{1}{2}.$ **21.** $x + 3{,}47 = 1{,}79.$

22. Welche Zahl gibt, um 12 vermindert, 36?
23. Welche Zahl muß man um 128 verkleinern, um 828 zu erhalten?
24. Von welcher Zahl muß man $84\frac{5}{8}$ subtrahieren, um $14\frac{5}{8}$ zu erhalten?

25. Ein Junge sollte 3 Pfd. Zucker einkaufen und verliert unterwegs 2 ₰. Wieviel Geld hatte man ihm mitgegeben, wenn er nur noch 90 ₰ übrig behielt und das Pfund Zucker 36 ₰ kostete?
26. Wieviel Mark Schulden hatte jemand, wenn er nach Abzahlung von 320 ℳ noch 680 ℳ schuldig blieb?
27. Von einer Schuld hat jemand monatlich 12 ℳ abgetragen. Wie groß war sie ursprünglich, wenn er nach $1\frac{1}{2}$ Jahren noch 58 ℳ schuldig blieb?
28. Ein Kaufmann mußte einen Sack Weizenmehl mit 6,20 ℳ Verlust zu 46,40 ℳ verkaufen. Wieviel hatte der Sack im Einkauf gekostet? (Allgemeine Formel!)
29. $x - a = b$. 30. $x - 6m = 12m$. 31. $x - \frac{2}{3} = 9\frac{1}{2}$.
32. $x - 4a = 6b$. 33. $x - 2{,}07 = 3{,}84$. 34. $x - 13\frac{3}{7} = 25\frac{5}{6}$.
35. Um welche Zahl muß man 7846 verkleinern, um 4967 zu erhalten?
36. Welchen Verlust hatte ein Kaufmann, der einen Sack Reis von 220 Pfd., der 47,30 ℳ gekostet hatte, zu 19 ₰ das Pfund verkaufen mußte?
37. $a - x = b$. 38. $28 - x = 36\frac{1}{2}$. 39. $6{,}4 - x = 3{,}27$.
40. $8a - x = 14a$. 41. $17{,}56 - x = 28{,}3$. 42. $4a - x = 12b$.
43. Wenn man zu einer Zahl erst 28 addiert, dann 16 subtrahiert, dann 5 subtrahiert und schließlich 14 addiert, erhält man 35. Welches war die Zahl?
44. $x - 4\frac{1}{2} + 3\frac{2}{3} - 2\frac{3}{4} - 5\frac{1}{6} = 12$.
45. $x + 0{,}27 - 0{,}79 + 2{,}5 - 3{,}146 + 8{,}2 = 5{,}796$.
46. $x - 7a + 4a = 12b - 5b$. 47. $x - 8a + 6b = 2a - 4b$.
48. $x + 12a - 4b + 7c = 8a - b - 2c$.
49. $12m + x - 4n = 26m - 8n$.
50. $3p - x + 4q - 9r = p + 2q + 5r$.
51. $17 + (x - 3) = 25$. 52. $128 - (24 - x) = 248$.
53. $15 + (8 - x) = 68$. 54. $2\frac{2}{3} - (x + 3\frac{1}{2}) = 12\frac{3}{4}$.
55. $0{,}42 - (x - 7{,}45) = 9{,}17$. 56. $6{,}7 = 48 - (x - 2\frac{1}{2})$.
57. $x + (a - b) = a + b$. 58. $x - (p + q) = p - q$.
59. $a + (x - b + c) = a + b - c$.
60. $(2p - x) + 3q - 5r = 6p - q - 5r$.

B.

61. Welche Zahl gibt, mit 5 multipliziert, 835?
62. Das Siebenfache einer Zahl ist 833; welches ist die Zahl?
63. Die Zahl 213 in zwei Summanden zu zerlegen, von denen der eine doppelt so groß ist wie der andere.
64. Von zwei Nebenwinkeln ist der eine 3 mal so groß wie der andere; wie groß sind beide?
65. In einem Dreieck ist der zweite Winkel doppelt so groß und der dritte Winkel dreimal so groß wie der erste; wie groß sind die Winkel?
66. In einem gleichschenkligen Dreieck ist der Winkel an der Spitze viermal so groß wie jeder Winkel an der Grundlinie; wie groß sind diese?

67. In einem Viereck ist in bestimmter Reihenfolge jeder Winkel doppelt so groß wie der vorhergehende; wie groß sind die Winkel?

68. In einem Rechteck ist eine Seite doppelt so groß wie die anstoßende; wie groß sind die Seiten, wenn der ganze Umfang 84,6 cm beträgt?

69. $ax = b$. **70.** $x \cdot p = q$. **71.** $7x = 23$.

72. $0{,}5\,x = 0{,}35$. **73.** $2ax = 12a^2$. **74.** $(a - b)x = a^2 - b^2$.

75. Von welcher Zahl ist das Vierfache, vermehrt um 9, gleich 33?

76. Die Zahl 180 in zwei Summanden zu zerlegen, von denen der eine um 42 kleiner ist als der andere.

77. Von zwei Nebenwinkeln ist der eine um 43° 26′ größer als der andere. Wie groß ist jeder?

78. In einem Dreieck (Viereck) ist jeder Winkel um 20° kleiner als der vorhergehende. Wie groß ist jeder?

79. In einem gleichschenkligen Dreieck ist der Winkel an der Spitze 53°; wie groß sind die Winkel an der Grundlinie?

80. In einem gleichschenkligen Dreieck ist der Winkel an der Spitze um 36° kleiner als jeder Winkel an der Grundlinie. Wie groß sind die Winkel?

81. In einem Rechteck, dessen Umfang 68 cm beträgt, ist die eine Seite um 12 cm länger als die andere. Wie lang sind die Seiten?

82. $15x + 2\frac{3}{4} = 14\frac{3}{4}$. **83.** $3x - 11\frac{2}{5} = 27\frac{3}{5}$.

84. $12\frac{1}{2} - 5x = 6\frac{1}{4}$. **85.** $\frac{2}{3} - 4x = \frac{3}{4}$.

86. $7x - 0{,}36 = 2{,}58$. **87.** $18{,}7 - 0{,}85\,x = 15{,}98$.

88. $5x + 4\frac{1}{2} - 2x = 2\frac{3}{4}$. **89.** $23{,}5 = 3{,}4\,x - 8{,}3 - 4{,}9\,x$.

90. $ax + b = c$. **91.** $p - qx = r$.

92. $ax + 2b - 3c = 4b - 7c$. **93.** $ax + bx = c$.

94. $ax + bx + cx = a + b + c$. **95.** $ax + b^2 - bx = a^2$.

96. Ein Schüler sollte 6 Hefte (zu gleichem Preise) kaufen und bekam das dafür nötige Geld. Er verliert unterwegs 50 ₰ und sieht nun, daß das Geld **a)** nur noch für 4 Hefte reicht, **b)** nur noch für 4 Hefte reicht und ihm dann noch 20 ₰ übrig bleiben. Was kostete jedes Heft?

97. Wenn man das 24 fache einer Zahl um 36 vermehrt, so ergibt sich das 27 fache der Zahl. Wie groß ist die Zahl?

98. Das 12 fache einer Zahl übertrifft das 7 fache um 23. Wie groß ist die Zahl?

99. Welche Zahl hat die Eigenschaft, daß ihr Vierfaches vermehrt um 15 ebenso groß ist wie das Sechsfache vermindert um 10?

100. $5x + 12\frac{1}{2} = 3x$. **101.** $13{,}5 - 4x = 5x - 4{,}5$.

102. $ax + b = cx + d$. **103.** $p - qx = r - sx$.

104. $a^2 x - a = b^2 x - b$. **105.** $4ax + 9b = 6bx + 6a$.

106. Ein Knabe sollte einige Pfund Zucker zu 32 ₰ kaufen. Da aber der Preis auf 30 ₰ gesunken war, erhielt er ein Pfund mehr für sein Geld. Wieviel Pfund hat er tatsächlich gekauft?

107. Ein Kaufmann hatte 120 Pfund Reis, die er zu einem bestimmten Preise verkaufen wollte. 20 Pfd. erwiesen sich aber als verdorben. Den Rest sah er sich genötigt, zu einem um 3 ₰ geringeren Preise für das Pfund zu verkaufen, so daß seine Einnahme 10 ℳ weniger betrug, als er erwartet hatte. Zu welchem Preise wollte er ursprünglich das Pfund Reis verkaufen?

108. $3(2x - 5) - 7(x + 3) = 5(x - 13)$.

109. $20 - 5(3x + 4) + 3(5 - 2x) = 0$.

110. $6(x - 4\tfrac{1}{2}) = 4(2\tfrac{3}{4} - x)$. **111.** $5x - 7{,}5 = 2x - 3(x - 12{,}8)$.

112. $a - b(x - 1) = b + a(1 - x)$.

113. $a^2 - b(x + a - b) = b^2 - a(x + a - b)$.

114. $12x^2 - (3x + 5)(4x - 9) = 0$.

115. $(x - 3)(x + 4) - 5(x - 2) = (x - 5)^2$.

116. $(x - 1)(x - 2) - (x - 3)^2 = (x - 4)(x - 5) - (x + 6)^2$.

117. $(ax - b)^2 = (ax + b)(ax - b)$.

118. $(x - a)^2 + b(x - b) = (x - b)^2 - a(a - x)$.

C.

119. Von welcher Zahl ist der fünfte Teil gleich 12?

120. Welche Zahl muß man durch 13 dividieren, um 39 zu erhalten?

121. Von welcher Zahl sind $\tfrac{3}{4}$ gleich 24?

122. In einem Dreieck ist der zweite Winkel um die Hälfte größer als der erste und der dritte Winkel doppelt so groß wie der erste. Wie groß sind die Winkel?

123. In einem gleichschenkligen Dreieck ist der Winkel an der Spitze halb so groß wie jeder Winkel an der Grundlinie. Wie groß sind die letzteren?

124. In einem Viereck ist der zweite Winkel die Hälfte des ersten, der dritte Winkel die Hälfte des zweiten und der vierte Winkel so groß wie die beiden letzten zusammen. Wie groß sind die Winkel?

125. Die Zahl 720 in zwei Summanden zu zerlegen, die sich wie 5 : 7 verhalten *).

126. Zwei Nebenwinkel verhalten sich wie 4 : 5 (2 : 3); wie groß ist jeder?

127. Zu einem Geschäft gab A 1200 ℳ, B 1800 ℳ, C 2400 ℳ. Der Gewinn betrug 360 ℳ. Wieviel davon erhielt jeder, wenn der Gewinn im Verhältnis der Einlagen verteilt werden sollte?

128. In einem Dreieck verhalten sich die Winkel wie 3 : 4 : 5; wie groß ist jeder?

129. In einem Rechteck verhalten sich die ungleichen Seiten wie 2 : 3. Wie groß sind sie, wenn der Umfang 3,24 m beträgt?

130. $\dfrac{x}{a} = b$. **131.** $\dfrac{ax}{b} = c$. **132.** $\tfrac{1}{3}x + \tfrac{1}{4}x = 21$.

133. $1\tfrac{5}{8}x - \tfrac{2}{3}x - \tfrac{1}{2}x = 13\tfrac{1}{3}$. **134.** $\dfrac{x}{4} + \dfrac{x}{5} - \dfrac{x}{6} + \dfrac{x}{12} - \dfrac{x}{3} = 930$.

*) Wenn sich zwei Größen wie 5:7 verhalten, ist die zweite $\tfrac{7}{5}$ der ersten.

135. $2\frac{1}{2}x - 3\frac{5}{8}x - 4\frac{3}{4}x + 5\frac{1}{8}x + 2\frac{1}{4} = 0.$

136. $x + \frac{x}{a} = b.$ **137.** $x - \frac{a}{b} \cdot x = c.$ **138.** $\frac{x}{a} + \frac{x}{2a} = b.$

139. $\frac{x}{3a} - \frac{x}{4a} = \frac{b}{c}.$ **140.** $\frac{2x}{5a} - \frac{3x}{10a} + \frac{4x}{15a} = b.$

141. Von welcher Zahl ist der achte Teil, vermindert um 12, gleich 14?

142. Der zwölfte Teil einer Zahl ist um 18 kleiner als ihr zehnter Teil. Wie groß ist die Zahl?

143. Von welcher Zahl ist die Summe des vierten und fünften Teils, vermehrt um 20, um 20 kleiner als die Summe des dritten und vierten Teils?

144. Von zwei Nebenwinkeln ist der eine um 30^0 größer als die Hälfte des andern. Wie groß sind die Winkel?

145. A und B erben 2000 ℳ so, daß A 200 ℳ mehr als ein Drittel des Anteils von B erhalten soll. Wieviel erhält jeder?

146. A, B, C und D sollen eine gewisse Summe so unter sich verteilen, daß A ein Viertel davon und noch 600 ℳ, B die Hälfte des Anteils von A, C so viel wie A und B zusammen und D 1000 ℳ erhält. Wie groß war die Summe, und wieviel erhielt jeder?

147. A, B, C und D teilen eine Summe von 3250 ℳ, so daß jeder Folgende die Hälfte dessen, was der Vorhergehende bekommt, erhält und noch 200 ℳ. Wieviel erhält jeder?

148. $\frac{x}{a} + b = c.$ **149.** $\frac{ax}{b} - c = d.$ **150.** $\frac{x}{4} - \frac{x}{9} + 14 = \frac{x}{3}.$

151. $\frac{2x}{5} - \frac{4x}{9} + 26 = \frac{4}{15}x - 1\frac{2}{3}x - \frac{1}{3}x - 18.$

152. $\frac{3x-5}{2} + \frac{2x-7}{6} = \frac{5x-1}{4} - \frac{8-7x}{3}.$

153. $x - \frac{4x-9}{7} = 15\frac{1}{2} + \frac{2x+1}{14} - \frac{x}{4}.$

154. $\frac{2}{3}(5x+4) - \frac{3}{4}(2x+9) = 11\frac{7}{12} - \frac{5}{6}(3x-2).$

155. $x + \frac{5}{9}(7-2x) - 1\frac{3}{4}(2+3\frac{1}{3}x) + 12\frac{71}{72} = 0.$

156. $\frac{x-a}{3a} - \frac{2x-3a}{4a} = 5.$ **157.** $\frac{x}{a} + \frac{x}{b} - c = d.$

158. $\frac{x}{ab} - \frac{x}{bc} = \frac{a^2-c^2}{abc}.$ **159.** $\frac{x}{a-b} + \frac{x}{a+b} = \frac{2}{a^2-b^2}.$

160. $\frac{3x}{4a-6b} - \frac{2x}{6a-9b} = \frac{5}{6}.$ **161.** $\frac{x+2m}{m-2n} - \frac{x+2n}{2m-n} = 2.$

D.

162. Der wievielte Teil von 3621 ist 213?

163. Durch welche Zahl muß man 25 dividieren, um 9 zu erhalten?

164. $\frac{a}{x} = b.$ **165.** $\frac{a}{x} + b = c.$ **166.** $\frac{a}{x} + \frac{b}{x} = c.$

167. $\frac{3}{2x} - \frac{4}{3x} + \frac{5}{4x} - \frac{6}{5x} = \frac{13}{20}.$ **168.** $4\frac{1}{7} - \frac{5}{7x} = \frac{2}{3x}.$

169. $\frac{a}{2x} - \frac{2a}{3x} = \frac{1}{3}.$ **170.** $\frac{b}{ax} - \frac{a}{bx} = \frac{(a+b)^2}{ab}.$

171. $\frac{2}{x-3} = \frac{3}{x-4}.$ **172.** $\frac{2x+5}{6(x-5)} - \frac{3x-5}{4(x-5)} = 2.$

173. $\frac{3}{10x-8} - \frac{4}{15x-12} = 1.$ **174.** $\frac{3x}{x-4} = 3 + \frac{5}{x-2}.$

175. $\frac{2x}{x-1} - \frac{5x}{x+1} + \frac{3x^2-14}{x^2-1} = 0.$ **176.** $\frac{a+x}{a-x} - \frac{a-x}{a+x} = \frac{8a^2}{a^2-x^2}.$

177. $\frac{x-5}{x-4} + \frac{x-6}{x-5} = \frac{2x^2-15x+74}{(x-4)(x-5)}.$

178. $\frac{x+q}{x-p} - \frac{x-p}{x+q} - \frac{2q(p+q)}{(x-p)(x+q)} = 0.$

179. $(x-1):(x-2) = (x-2):(x-4).$

180. $(2x-5):(2x+3) = x:(x-1).$

181. $(x+\frac{1}{2}):(x-\frac{1}{3}) = (x+\frac{1}{4}):(x-\frac{1}{5}).$

182. $(x+a):(x-b) = (x-b):(x-a).$

E.

183. Vorübung. Wieviel macht **a)** $3\frac{1}{2}$% von 214 kg, **b)** p% von 725 ℳ, **c)** $5\frac{1}{3}$% von n ha, **d)** p% von a km? (Beginne stets mit 1%.)

184. Bei einer Überschwemmung waren von den Wiesenflächen eines Bachgebietes 65% vernichtet worden und nur 763 ha ertragsfähig geblieben. Wieviel ha Wiesen umfaßte das Gebiet?

185. Ein Bahndamm von 1276 m Länge war auf 38 m Länge zerstört worden. Wieviel Prozent machte die zerstörte Strecke aus? (2 Stellen.)

186. Bei einer Ware betrug die Tara 8% des Bruttogewichts. Wieviel Fracht war zu zahlen, wenn die Ware netto 120 kg wog und je 10 kg 42 ₰ Fracht kosten (wobei angefangene 10 kg voll gerechnet werden)?

187. Wieviel % vom Bruttogewicht macht die Tara aus, wenn ein Sack von 0,9 kg Eigengewicht 100 kg Mehl enthält? (2 Stellen.)

188. Ein Kaufmann sah sich genötigt, einen Ballen Kaffee mit $8\frac{1}{3}$% Verlust zu 2,75 ℳ das Pfund zu verkaufen. Wie groß war der Einkaufspreis gewesen und wieviel Pfund hatte der Ballen enthalten, wenn im ganzen 330 ℳ dafür gelöst wurden?

189. Ein Händler versprach einem Freunde, ihm einen Doppelzentner Weizenmehl zum Einkaufspreis zu überlassen. Wieviel hatte der Freund dafür zu bezahlen, wenn in den Verkaufspreis von 26 ℳ ein Gewinn von 6% eingerechnet war?

190. Wieviel % vom Einkaufspreis beträgt der Gewinn, wenn eine Ware, die 212 ℳ gekostet hat, mit 236 ℳ weiterverkauft wird? (2 Stellen.)

191. Von einem Doppelzentner Speiseerbsen, die ein Kaufmann zu 14,50 ℳ den Zentner eingekauft hatte, erwiesen sich 22 kg als verdorben. Den Rest sah er sich gezwungen, zu 29 ₰ das kg zu verkaufen. Wieviel % vom Einkaufspreis betrug der Verlust?

192. Jemand bezahlte eine Rechnung mit 45,60 ℳ. Wie groß war der ursprüngliche Betrag, wenn bereits ein Rabatt von 5% abgezogen war?

193. Der Sommerpreis für Briketts betrug 1,63 ℳ je Zentner, der Winterpreis 1,90 ℳ. Um wieviel Prozent ist der Winterpreis teurer? (2 Stellen.)

194. Ein Haushalt bezog von einem Kohlenhändler 25 Zentner Steinkohlen zu 2,12 ℳ, 20 Zentner Anthrazit zu 4 ℳ und 42 Zentner Briketts zu 1,63 ℳ und genoß infolge von Barzahlung im ganzen einen Rabatt von 6,04 ℳ. Wieviel % betrug (abgerundet) der Rabatt?

195. Einem Beamten wurden von seinem monatlichen Einkommen (nach Abzug von 100 ℳ) 8% für Steuern einbehalten, so daß er nur noch 330 ℳ erhielt. Wie groß war das Einkommen?

196. Bei einer Längenmessung ergaben sich folgende Werte: 16,23 m; 16,39 m; 15,98 m und 16,24 m. Um wieviel % des Mittelwertes weichen die einzelnen Messungen von dem Mittelwert (dem arithmetischen Mittel der 4 Messungen) nach oben oder unten ab?

197. Vorübung. Wieviel Zinsen bringen **a)** 268 ℳ zu $4\frac{1}{2}$% in 3 Jahren, **b)** 1240 ℳ zu p% in $2\frac{1}{2}$ Jahren; **c)** k ℳ zu 7% in 5 Monaten, **d)** k ℳ zu p% in n Tagen? (Beginne stets mit 1% und 1 Jahr.)

198. Welches Kapital bringt zu $4\frac{1}{4}$% (p%) in $3\frac{1}{2}$ Jahren (nJ.) 83,30 ℳ(a ℳ) Zinsen?

199. Welches Kapital wächst durch die Zinsen zu $5\frac{1}{2}$% (p%) in 4 (n) Monaten auf 1222 ℳ (k' ℳ) an?

200. In wieviel Zeit bringen 830 ℳ (k ℳ) zu $3\frac{1}{2}$% (p%) 87,15 ℳ (a ℳ) Zinsen?

201. In wieviel Zeit wachsen 1428 ℳ (k ℳ) durch die Zinsen zu $3\frac{1}{2}$% (p %) auf 1477,98 ℳ (k' ℳ) an?

202. Zu wieviel % sind 375 ℳ (k ℳ) ausgeliehen, wenn sie in 7 (n) Monaten 8,75 ℳ (a ℳ) Zinsen bringen?

203. Welches Kapital bringt zu $4\frac{1}{2}$% dieselben Zinsen wie ein um 500 ℳ größeres Kapital zu 4%?

204. Als der Zinsfuß um $\frac{1}{2}$% erhöht wurde, erhielt jemand von 1250 ℳ jährlich 56,25 ℳ Zinsen. Welches war der ursprüngliche Zinsfuß?

205. Als der Zinsfuß um $\frac{3}{4}$% herabgesetzt wurde, sanken die jährlichen Zinsen eines Kapitals um 60 ℳ. Wie groß war das Kapital?

206. Eine Schuldsumme von 12 000 ℳ, die in 1 Jahr 3 Monaten fällig ist, soll in der Weise bar beglichen werden, daß die Barzahlung durch $4\frac{1}{2}$-prozentige Verzinsung in der angegebenen Zeit auf 12 000 ℳ anwachsen würde (Rabatt auf Hundert). Wieviel ist bar zu zahlen?

207. Desgl., wenn eine Summe von 7645 ℳ nach 10 Monaten und eine zweite von 14 832 ℳ nach 14 Monaten fällig ist.

208. Jemand hat 250 ℳ in 6 Monaten, 385 ℳ in 8 Monaten und 433 ℳ in 10 Monaten zu bezahlen. Nach welcher Zeit kann er die ganze Summe auf einmal ohne Nutzen und Schaden bezahlen? Zu berechnen mit Diskont von p% in Hundert, bezogen auf die Gegenwart.

209. Jemand hat 1260 ℳ nach 7 Monaten zu zahlen; er wünscht aber die Summe in 3 gleichen Raten abzutragen, und zwar die erste nach 4, die zweite nach 6 Monaten. Wann ist die dritte Rate zu zahlen? (Diskont in Hundert).

210. Vorübung. Wieviel reines Gold bzw. reines Silber oder reinen Alkohol enthalten **a)** 35 g Gold vom Feingehalt 750, **b)** a kg Silber vom Feingehalt 665, **c)** a g Gold vom Feingehalt b, **d)** 85 l Spiritus von 68%, **e)** 46 l Spiritus von a%, **f)** a l Spiritus von b%? (Bestimme zunächst 1‰ bzw. 1%.)

211. Welchen Feingehalt an Silber hat eine Mischung von 3,54 kg Silber vom Feingehalt 800 und 4,29 kg Silber vom Feingehalt 675? (1 Stelle.)

212. Welchen Feingehalt an Gold enthält eine Mischung von 648 g Gold vom Feingehalt 750 und 264 g Gold vom Feingehalt 600? (1 Stelle.)

213. Wieviel % reinen Alkohol enthält eine Mischung von 13 l Spiritus von 90% mit 24 l Spiritus von 66° und 63 l Spiritus von 75%?

214. Wieviel Feinsilber muß man mit 2,345 kg Silber vom Feingehalt 720 zusammenschmelzen, damit Silber vom Feingehalt 800 entsteht?

215. Wieviel g Gold vom Feingehalt 625 muß mit 65 g Gold vom Feingehalt 800 zusammengeschmolzen werden, wenn man Gold vom Feingehalt 750 erhalten will?

F.

216. Vorübung. Wie groß ist der Weg s, den ein Körper bei gleichförmiger Bewegung in t Zeiteinheiten zurücklegt, wenn seine Geschwindigkeit, d. h. der Weg in der Zeiteinheit, gleich c ist?

217. Zwei Schulkameraden, die in demselben Ort wohnen, wollen von einem 12 km entfernten Ort eine gemeinsame Wanderung antreten und sich dort um 9 Uhr treffen. Wann muß der eine, der zu Fuß geht und $4\frac{1}{2}$ km in der Stunde zurücklegt, aufbrechen, und mit welcher Geschwindigkeit muß der andere auf dem Rade nachfahren, wenn er um 8 Uhr 12 Minuten erst den Ort verläßt?

218. Zwei Freunde in den 25 km entfernten Orten A und B wollen sich in dem 11 km jenseits von B liegenden Ort C treffen. Der Freund in A benutzt den Personenzug, der um 7^{48} abfährt und in C um 8^{33} eintrifft, während der Freund in B den Weg von B bis C zu Fuß und dabei $4\frac{2}{5}$ km in der Stunde zurücklegt. **a)** Wie groß ist die Geschwindigkeit des Personenzugs in der Stunde? **b)** Wann muß der Freund in B aufbrechen, um gleichzeitig mit dem andern in C anzukommen?

219. Zwei Freunde wohnen 31,5 km voneinander entfernt und wollen sich in einem zwischenliegenden Ort treffen; der erste marschiert in der Stunde 4, der andere 5 km. Wann und wo treffen sie zusammen, wenn **a)** beide gleichzeitig abmarschieren, **b)** der zweite $1^h\,48^m$ später abmarschiert?

220. A und B wohnen 39 km auseinander und wollen sich auf der die Orte verbindenden Landstraße treffen; sie gebrauchen dazu $4\frac{1}{2}$ Stunden, wenn sie gleichzeitig fortgehen. Wieviel km haben sie stündlich zurückgelegt, wenn **a)** B in der Stunde $\frac{1}{2}$ km mehr zurücklegt als A, **b)** sich die Geschwindigkeiten von A und B wie 6 : 7 verhalten?

221. Auf der 13 km langen Eisenbahnstrecke zwischen A und B fahren zwei Züge einander entgegen. Nach wieviel Minuten (und Sekunden) und wo begegnen sich die Züge, wenn der Zug in A um 8^{37}, der in B um 8^{49} abfährt und **a)** jeder Zug 36 km in der Stunde zurücklegt, **b)** der von A abfahrende Zug ein Personenzug mit 30 km, der in B abfahrende ein Schnellzug mit 75 km Geschwindigkeit in der Stunde ist?

222. Einem Boten, der $4\frac{1}{2}$ km in der Stunde zurücklegt, wird nach $2\frac{1}{2}$ Stunden ein Reiter nachgeschickt. Wieviel km muß der Reiter in der Stunde wenigstens zurücklegen, wenn er ihn spätestens in 1 Stunde einholen soll?

223. Ein Bote reitet um 8 Uhr morgens von A ab, um in dem 12 km entfernten Ort B eine Bestellung auszurichten, hört aber dort, daß der Empfänger B bereits um 9 Uhr nach einer andern Richtung zu Fuß verlassen hat. Wann und wo wird er ihn einholen, wenn er bis B in der Stunde 10 km zurückgelegt hat und nun den Empfänger, der in der Stunde $4\frac{1}{2}$ km zurücklegt, im Galopp mit 18 km Geschwindigkeit in der Stunde erreichen will?

224. Ein Personenzug hat sich verspätet und steht um 10^{28} zur Abfahrt nach C bereit auf der Station B zwischen A und C. Darf er noch abgelassen werden oder muß er auf einem Nebengeleise warten, da ein um 10^{21} von A nach C abfahrender Schnellzug ungehindert bis C durchfahren soll? AB = 12 km, BC = 5 km. Geschwindigkeit des Personenzuges 36 km, des Schnellzuges 72 km in der Stunde.

225. Die Uhr zeigt 12 Uhr an. Nach wieviel Minuten werden Stunden- und Minutenzeiger sich **a)** zum erstenmal, **b)** zum zweitenmal wieder decken?

226. Die Uhr zeigt **a)** 6 Uhr, **b)** $10\frac{1}{2}$ Uhr an. Nach wieviel Minuten werden die beiden Zeiger zum erstenmal sich decken und zum erstenmal entgegengesetzte Lage haben?

G. Aufgaben aus der Physik.

227. Wieviel wiegt die Luft im Klassenzimmer? Schätze zunächst das Gewicht. (Spezifisches Gewicht $s = 0{,}00125$.)

228. Kork hat das spezifische Gewicht 0,18. Wie groß ist der Rauminhalt von einem Zentner Kork? (cbm, 3 Stellen.) Schätze zuerst das Ergebnis.

229. Bei 0° ist das spez. Gewicht des Wassers 0,99987, bei 100° 0,95838. Um wieviel Liter nimmt der Rauminhalt von 1 cbm Wasser zu, wenn es von 0° auf 100° erwärmt wird? (1 Stelle.)

230. Wasser dehnt sich beim Gefrieren um 9% aus. Wie groß ist demnach das spez. Gewicht des Eises? (2 Stellen.)

231. Wie groß ist das spez. Gewicht einer Mischung von 12 ccm Brennspiritus ($s = 0{,}8$) und 8 ccm Wasser ($s = 1$)? Von der Raumverminderung beim Mischen soll abgesehen werden.

232. Ein Fahrradschlauch hat etwa 2400 ccm Inhalt. Nach wieviel Kolbenstößen hat die darin enthaltene Luft einen Druck von 4 Atmosphären, wenn der Stiefelraum der Luftpumpe 360 ccm beträgt?

---

233. Im Abstand 45 cm vom Drehpunkt eines Hebels hängt ein Gewicht von 24 g. In welchem Abstand muß auf der anderen Seite ein Gewicht von 30 g aufgehängt werden, damit Gleichgewicht besteht?

234. Auf der einen Seite eines Hebels hängen 2 kg im Abstand 45 cm, auf der anderen 3 kg im Abstand 40 cm. Wo ist ein Gewichtsstück von 2 kg aufzuhängen, damit Gleichgewicht besteht?

235. Wo muß ein Stab von 1 m Länge unterstützt werden, wenn an den Enden Gewichte von 1,5 kg und 3,5 kg hängen und Gleichgewicht bestehen soll?

---

236. Ein Stück Blei wiegt in Luft 161 g, in Brennspiritus ($s = 0{,}8$) 149,8 g. Wie groß ist sein Rauminhalt und das spez. Gewicht des Bleis?

237. Ein rechtkantiger Baustein mit den Kanten 7,5 cm, 2,5 cm und 2,5 cm wiegt in Luft 93,75 g, in Kupfersulfatlösung 37,5 g. Wie groß ist das spez. Gewicht der Kupfersulfatlösung?

238. Ein rechtkantiges Stück Holz (5,6 cm; 4 cm; 1,7 cm) sinkt, auf der größten Fläche schwimmend, 1,39 cm tief in Wasser ein. Wie groß ist das spez. Gewicht des Holzes, und wie groß das Gesamtgewicht? (1 Stelle.)

239. Welches Gewicht vermag eine Eisscholle ($s = 0,9$) von 2,56 qm Fläche und 25 cm Dicke eben noch zu tragen?

240. 92 g Blei ($s = 11,5$) sollen mit soviel Kork ($s = 0,2$) verbunden werden, daß das Blei vom Kork gerade schwebend im Wasser getragen wird. Wieviel g Kork sind nötig?

241. Was würde ein mit Wasserstoff gefüllter Luftballon vom Rauminhalt des Klassenzimmers einschließlich des Gewichts seiner Hülle tragen können? (Spez. Gewicht für Luft 0,00129, für Wasserstoff 0,00009.)

242. Um wieviel verringert sich, normale Verhältnisse vorausgesetzt, der Auftrieb des Zeppelinballons Z R III (Rauminhalt 70000 cbm), wenn man statt Wasserstoff eine Heliumfüllung verwendet? (Spez. Gewicht für Luft 0,00129, für Wasserstoff 0,00009, für Helium 0,00019.)

243. Ein Kinderballon, dessen Hülle einschließlich Seil 6 g wiegt, soll einen Auftrieb von 3 g erhalten. Bis zu welchem Rauminhalt und welchem Durchmesser (cm, 1 Stelle) muß er mit Wasserstoff ($s = 0,00009$) aufgeblasen werden?

---

244. Eine Sirene hat zwei Reihen von 30 und 40 Löchern; wieviel Umdrehungen muß sie in der Sekunde machen, wenn der Unterschied der Töne 150 Schwingungen betragen soll?

245. Eine Sirene mit 50 Löchern gab bei einer gewissen Zahl Umdrehungen in der Sekunde einen Ton, der sich zur Quint erhöhte, als die Geschwindigkeit um 20 Umdrehungen in der Sekunde gesteigert wurde. Welches war die ursprüngliche Umdrehungszahl?

246. Eine Saite gab bei einer gewissen Länge einen Ton, der sich zur Quart erhöhte, als man sie um 5 cm verkürzte. Wie lang war sie zuerst?

247. Als man die eine von zwei völlig gleichen Saiten um 5 cm und die andere um 10 cm verkürzte, erhielt man Grundton und große Terz. Wie lang waren die Saiten ursprünglich?

---

248. Der Gefrierpunkt ist bei Celsius und Reaumur mit 0, bei Fahrenheit mit 32 bezeichnet, der Siedepunkt mit 100, 80 und 212. Stelle Gleichungen auf zur Verwandlung von t^0 R oder F in C, von t^0 C oder F in R und von t^0 C oder R in F.

249. Bei wieviel Grad zeigt ein Celsius- und ein Fahrenheit-Thermometer dieselbe Temperatur?

250. Wie groß kann die Längenänderung einer Eisenbahnschiene von 15 m Länge bei einer Temperaturschwankung von 60^0 werden? (Ausdehnungskoeffizient $\alpha = 0,000012$.)

251. Ein straff ausgespannter Konstantandraht von 80 cm Länge dehnte sich bei der Erwärmung durch den elektrischen Strom um 0,96 cm aus. Um wieviel Grad wurde er durch den Strom erhitzt? ($\alpha = 0{,}000015$.)

252. Welche Mischtemperatur erhält man beim Mischen von 3 (m_1) kg Wasser von 15 $(t_1)^0$ und 7 (m_2) kg Wasser von 50 $(t_2)^0$?

253. In einer Wanne sind 190 l Wasser von 12°. Wieviel kochendes Wasser ist zuzugießen, um Wasser von 24° zu erhalten?

254. Eine Eisenkugel von 200 g Gewicht (spez. Wärme $c = 0{,}11$) wird in einer Bunsenflamme erhitzt und in 550 g Wasser von 15° gebracht. Wie hoch war die Temperatur der Eisenkugel, wenn sich das Wasser hierdurch auf 40° erwärmte?

255. 8 kg kochendes Wasser wurde auf 3 kg Eis von 0° gegossen. Welche Temperatur, auf volle Grade abgerundet, stellte sich ein? (Schmelzwärme des Eises = 80 Kalorien.)

256. In 500 g Wasser von 15° wurden 8 g Wasserdampf von 100° geleitet. Wie groß war, auf volle Grade abgerundet, die Endtemperatur des Wassers? (Kondensationswärme des Wasserdampfes = 538 Kalorien.)

257. Eine Glaskugel von 100 ccm Inhalt wurde in einem Wasserbad um 50° erwärmt; dadurch dehnte sich die darin enthaltene Luft um 18 ccm aus. Wie groß ist hiernach der Ausdehnungskoeffizient der Luft?

---

258. Bei einer Linse von 15 cm Brennweite war die Bildweite das Dreifache der Gegenstandsweite. Wie groß sind beide?

---

259. **a)** Ein Leiter besteht aus Stücken von 5, 20, 2 und 13 Ohm Widerstand. Welche Stärke hat der hindurchfließende Strom bei einer Spannungsdifferenz von 100 Volt? Wie groß ist der Spannungsabfall in jedem Leiterstück? (Graphische Darstellung des Spannungsabfalls.)

b) Dieselbe Aufgabe für 15, 20, 10, 10 Ohm und die Spannungsdifferenz $+ 110 / - 110$ Volt.

§ 2. Gleichungen ersten Grades mit mehreren Unbekannten.

A.

1. Eine Zahl (y) ist gleich einer zweiten Zahl (x), vermehrt um 5, und zugleich auch gleich dem Doppelten dieser Zahl, vermehrt um 3. Welches sind die beiden Zahlen?
2. Eine Zahl (y) ist gleich dem Dreifachen einer anderen Zahl (x), ver-

mindert um 4, und zugleich auch gleich dem Doppelten dieser Zahl, vermindert um 1. Welches sind die beiden Zahlen?

3. $y = \frac{1}{2}x - 6;\quad y = 1\frac{1}{2}x + 2.$ **4.** $y = 2x + 1;\quad y = \frac{1}{2}x - 3.$ **5.** $y = \frac{3}{2}x - \frac{2}{3};\quad y = \frac{1}{4}x - \frac{1}{2}.$

6. $y = -2x + 2\frac{1}{2};\quad y = x - 3\frac{3}{4}.$ **7.** $y = -\frac{1}{2}x - 1{,}4;\quad y = 2x + 5{,}6.$ **8.** $y = ax + b;\quad y = cx + d.$

9. $x = 2y - 3;\quad x = 3y + 4.$ **10.** $x = -y - 4;\quad x = \frac{1}{2}y + 6.$ **11.** $x = -\frac{2}{3}y + 2{,}5;\quad x = -\frac{7}{6}y - 3{,}2.$

12. $3y = 2x - 15;\quad 3y = \frac{1}{2}x + 1.$ **13.** $y - 4 = \frac{4}{3}x - 6;\quad y - 4 = \frac{3}{4}x + 1.$ **14.** $y = \frac{1}{2}x - 3\frac{1}{2};\quad 2y = 3x + 5\frac{2}{3}.$

15. $y - 5 = 2x + 1;\quad y = \frac{1}{3}x + 4.$ **16.** $2y - 9 = \frac{1}{2}x - 7;\quad 2y = 3x + 14.$ **17.** $y = \frac{3}{x-2};\quad y = \frac{4}{x-3}.$

18. $2y = \frac{4}{x-5} + 3;\quad 2y - 3 = \frac{5}{x-4}.$

B.

19. Die Summe zweier Zahlen ist 45. Wie groß sind die beiden Zahlen, wenn die eine doppelt so groß ist wie die andere?

20. Jemand kauft 2 Pfd. gerösteten Kaffee und $1\frac{1}{2}$ Pfd. Kakao und bezahlt im ganzen 9,75 ℳ. Wieviel kostet 1 Pfd. Kaffee und wieviel 1 Pfd. Kakao, wenn das erstere dreimal so teuer ist wie das letztere?

21. Löse § 1, A. 220 mit 2 Unbekannten.

22. $12x - 5y = 33;\quad y = \frac{3}{4}x.$ **23.** $2\frac{3}{4}x - 2y = 52;\quad 24y = 7x.$ **24.** $y = 2x - 5;\quad 4x + 5y = 101.$

25. $3x - 2y = 27;\quad y = \frac{1}{3}x + 4.$ **26.** $ax + by = c;\quad x = 5y.$ **27.** $x - ay = b;\quad y = cx.$

28. $ax - by = c;\quad y = x + m.$ **29.** $3y - 8x = 1{,}92;\quad 2x = 0{,}2y + 0{,}18.$ **30.** $\frac{1}{6}x - \frac{2}{5}y = -3\frac{2}{15};\quad \frac{1}{10}y = \frac{1}{3}x - 2\frac{2}{15}.$

31. Ein Bruch hat den Wert $\frac{1}{2}$ und nimmt den Wert $\frac{3}{5}$ an, wenn man Zähler und Nenner um 12 vergrößert. Welches ist der Bruch?

32. Ein Bruch nimmt den Wert $\frac{3}{4}$ an, wenn man Zähler und Nenner um 1 vergrößert, dagegen den Wert 2, wenn man den Zähler um 3 vergrößert und den Nenner um 3 verkleinert. Wie heißt der Bruch?

33. $\frac{2x+3}{3y-4} = \frac{1}{18};\quad \frac{x}{y} = \frac{2}{3}.$ **34.** $\frac{3x+2y}{3} = \frac{4x+3y}{2};\quad x + y + 1 = 0.$

35. $2y + x = -16;$
$\frac{2}{x+5} - \frac{4}{y+8} = 0.$

36. Zwei Zahlen verhalten sich wie 15 : 7, wenn man aber die erste um 12 vergrößert und die zweite um 12 verkleinert, wie 17 : 5. Welches sind die beiden Zahlen?

37. a) $2x : y = 5 : 9;$
$(x + 1) : \frac{2}{3}y = 3 : 4.$

37. b) $3x : 4y = 9 : 8;$
$(x + y - 0{,}12) : (x - y + 0{,}12) = 2 : 1.$

C.

38. Welche Zahlen haben als Summe **a)** 12, **b)** 7, **c)** —13, als Differenz **a)** 2, **b)** 17, **c)** —5?

39. a) Zwei Körper bewegen sich auf konzentrischen Kreisen. Die größte Entfernung, die sie erreichen können, ist 36 m, die kleinste 8 m. Wie groß sind die Halbmesser der Kreise?

b) Wie lautet das Ergebnis bei der Venus und der Erde, wenn ihre Bahnen als Kreise mit der Sonne als Mittelpunkt angesehen werden und die größte Entfernung 256,2 Millionen km, die kleinste aber 41,2 Millionen km beträgt?

40. $x + y = \frac{5}{6};$
$x - y = \frac{1}{6}.$

41. $x + y = -1\frac{1}{4};$
$x - y = 5\frac{3}{4}.$

42. $x - y = -1{,}739;$
$x + y = 3{,}265.$

43. $x + y = a;$
$x - y = b.$

44. $x + y = a - b;$
$x - y = a + b.$

45. $x - y = 3a + 5b;$
$x + y = 5a - 3b.$

46. Die Differenz zweier Zahlen ist gleich 9, das Dreifache der ersten, vermehrt um die zweite, gleich 43. Welches sind die beiden Zahlen?

47. Bei einem Kaufmann kauft A 5 Pfund Reis und 1 Pfund Mehl, B 3 Pfund Reis und 1 Pfund Mehl. Wieviel kostet das Pfund Reis und das Pfund Mehl, wenn A 2,02 ℳ, B 1,32 ℳ zu zahlen hat?

48. $x - 5y = -23;$
$x + 3y = 33.$

49. $7x - y = 3\frac{1}{12};$
$3x + y = 2\frac{3}{4}.$

50. $x - 3y = 6\frac{1}{6};$
$y - x = \frac{5}{6}.$

51. $ax + y = b;$
$cx - y = d.$

52. Auf einer Wanderung läßt sich A 3 Brötchen und 2 Glas Milch, B 2 Brötchen und 2 Glas Milch geben. Was kostet jedes Brötchen und das Glas Milch, wenn A 42 ₰ und B 38 ₰ bezahlt?

53. $7x - 3y = 43;$
$2x + 3y = -7.$

54. $3x + 5y = -\frac{5}{6};$
$3x - 2y = 10\frac{5}{6}.$

55. $2x - 0{,}764 = 0{,}12y;$
$7x + 0{,}12y = 2{,}836.$

56. $ax + by = m;$
$cx + by = n.$

57. Karl bezahlt für 6 Hefte und 10 Stahlfedern 1,70 ℳ, Hans für 3 Hefte und 15 Stahlfedern 1,05 ℳ. Wieviel kostet jedes Heft und jede Feder?

58. In einem Stall sind Kaninchen und Hühner. Wieviel sind es von jeder Sorte, wenn sie zusammen 32 Köpfe und 88 Beine haben?

59. $3x - 8y = -4;$ $9x + 4y = 9.$ **60.** $25x + 13y = 650;$ $5x - 9y = -160.$ **61.** $\frac{1}{3}x - 5y = 7{,}07;$ $x - \frac{1}{2}y = 0{,}91.$

62. $2ax + by = c;$ $ax - 2by = d.$

63. Das Dreifache einer Zahl, vermehrt um das Zweifache einer anderen, ergibt 59, dagegen das Zweifache der ersten, vermindert um das Dreifache der zweiten, 22. Welches sind die beiden Zahlen?

64. 3 kg Bohnen und 5 kg Erbsen kosten zusammen 3,12 ℳ; von einer um 4 ₰ teureren Sorte kosten dagegen 2 kg Bohnen und 3 kg Erbsen 2,16 ℳ. Welches sind die Preise der ersten Sorte?

65. $7x - 3y = 4{,}3;$ $2x + 5y = 27.$ **66.** $4\frac{13}{15} - 5x = 8y;$ $7y + \frac{1}{5} = 9x.$ **67.** $0{,}4x - 1{,}2y = -3{,}6;$ $3x - y = 0{,}2.$

68. $13(x-4) + 56 = 4(y+7);$ $5(y-3) + 54\frac{1}{2} = 6(x+5).$ **69.** $12x - 14y = 2{,}8;$ $8x + 21y = 14.$

70. $15x + 17 = 36y;$ $24y - 12 = 9x.$ **71.** $0{,}4x + 1{,}5y = 5{,}98;$ $0{,}6x - 2{,}5y - = 3{,}38.$

72. $ax + by = c;$ $mx + ny = p.$ **73.** $4ax + 6by = c;$ $6ax - 9by = d.$

74. Wenn ich den dritten Teil einer Zahl um den vierten Teil einer andern vermehre, so erhalte ich 18; wenn ich dagegen den vierten Teil der ersten um den dritten Teil der zweiten vermindere, so ergibt sich 1. Welches sind die beiden Zahlen?

75. A und B wollten zu einem gemeinsamen Geschäft Geld zusammenschießen. Gibt A $\frac{3}{4}$ seines Vermögens, B die Hälfte des seinigen, so ergeben sich 14000 ℳ. Wenn A dagegen die Hälfte bereitstellt und B $\frac{3}{4}$, so stehen 13500 ℳ zur Verfügung. Wieviel besitzt jeder?

76. $0{,}6x - 2{,}02 = 1{,}4y;$ $0{,}4x - 2{,}1y = 2{,}28.$ **77.** $2\frac{3}{4}x - 3\frac{2}{3}y = -11;$ $1\frac{5}{8}x + 2\frac{1}{5}y = 59.$

78. $\frac{2}{3}x + 10 = 1\frac{1}{2}(y - \frac{1}{3});$ $52\frac{1}{4} - \frac{3}{4}(x+5) = 2\frac{1}{3}y.$ **79.** $\frac{x}{8a} + \frac{y}{6b} = c;$ $\frac{x}{4a} - \frac{y}{9b} = c.$

80. $3(x+2) - 5(y-3) = 28;$ $4(x+2) + 10(y-3) = 54.$ **81.** $\frac{x-4}{5} - \frac{3-y}{4} + 2\frac{4}{5} = 0;$ $\frac{x-4}{6} + \frac{3-y}{8} - 1\frac{2}{3} = 0.$

82. $10(x-a)+9(y+b)=2a+3b;$
$15(x-a)-12(y+b)=3a-4b.$

83. $\frac{1}{x}+\frac{3}{y}=\frac{13}{24};$
$\frac{3}{x}-\frac{1}{y}=\frac{3}{8}.$

84. $\frac{5}{x-2}-\frac{7}{y+3}=\frac{2}{3};$
$\frac{3}{x-2}+\frac{5}{y+3}=1\frac{1}{8}.$

85. $\frac{a_1}{x}+\frac{b_1}{y}=c_1;$
$\frac{a_2}{x}+\frac{b_2}{y}=c_2.$

86. $\frac{2a}{x-a}+\frac{3b}{y-b}=3a+2b;\quad \frac{3a}{x-a}-\frac{2b}{y-b}=3b-2a.$

87. $\frac{x-3}{6}-\frac{y-4}{3}=\frac{2x-4}{9}-\frac{5x-24}{6};\quad 3x=2y+3.$

88. $\frac{2x-5}{3y-8}=\frac{4x+5}{6y+8};\quad 2x-y=14.$

89. $\frac{3}{12-x}-\frac{5}{y-4}=\frac{7}{12-x}-\frac{9}{y-4};$
$\frac{5}{x-3}-\frac{3}{9-y}=\frac{12}{x-3}-\frac{6}{9-y}.$

90. Eine aus zwei Ziffern bestehende Zahl hat folgende Eigenschaften:
- **a)** Vermehrt man die Zahl um ihre Quersumme, so ergibt sich die zweiziffrige Zahl doppelt, in der die Ziffern ihre Stellung vertauscht haben;
- **b)** Diese letzte Zahl ergibt sich selbst, wenn man die erstere um die dreifache Quersumme vermindert;
- **c)** der siebente Teil der ersteren Zahl übertrifft den sechsten Teil der zweiten um 3.

Aus welchen Ziffern setzt sich die Zahl zusammen? (Was ist von den Bestimmungen a und b zu sagen, und weshalb genügen sie nicht?)

D.

91. In einer Gesellschaft von 18 Personen befanden sich doppelt so viel Männer wie Kinder; dabei war die Zahl der Männer um 2 geringer als die Zahl der Frauen und Kinder zusammengenommen. Wieviel Männer, Frauen und Kinder waren da?

92. Von den Kanten eines Rechtkants ist die erste um 2 cm kürzer als die zweite und diese um 3 cm länger als die dritte. Wie lang sind die Kanten, wenn die Summe sämtlicher Kanten des Körpers 148 cm beträgt?

93. Die Ziffern einer dreistelligen Zahl haben folgende Eigenschaften: Die Quersumme ist 16; es sind soviel Zehner da als Hunderter und Einer zusammengenommen und Einer dreimal so viel als Hunderter. Welches ist diese Zahl?

94. $x + y + z = 9;\quad x = 5z;\quad y = 3z.$

95. $x + y = 3;\quad y + z = 5;\quad z + x = 4.$

96. $3x - y + z = 2;\quad y - z = 4;\quad x + 3y - z = 20.$

97. $x + y - 2z = 2;\quad 2x - y + 4z = -15;\quad 3x - 6z = -9.$

98. $2x - y - 3z = 11;\quad x + 2y + 5z = -2;\quad 5x - 4y + z = -30.$

99. Die Seiten eines Dreiecks verhalten sich wie 3 : 4 : 6; wie groß sind sie, wenn der Umfang 19,5 cm beträgt?

100. $\frac{x}{4} - \frac{y}{2} + \frac{z}{3} = 3;\quad 3y = 2x;\quad 2z = x.$

101. $2x + 3y + 4z = 6;\quad y : z = 8 : 9;\quad z : x = 3 : 2.$

102. Die Kanten eines Rechtkants verhalten sich wie 2 : 3 : 4; verlängert man jede Kante um 3 cm, so verhalten sie sich wie 3 : 4 : 5. Wie lang sind die Kanten? (Weshalb ist die Aufgabe überbestimmt?

103. $x + y - z + u = 6;\quad 2x - y + z + 3u = 23;\quad 5x = 3u;\quad z = 2y.$

104. $2x + 3y + 4z + 5u = 0;\quad \frac{1}{2}x + z - 1\frac{1}{2}y + 5u = 0;\quad x = 2z;\quad u - y = \frac{2}{15}.$

105. $x + y + z = u + 20;\quad z + u + x = y + 40;\quad y + z + u = x + 30;\quad u + x + y = z + 50.$

(Diophant, 2. Hälfte des 3. Jahrhunderts n. Chr.)

106. a) $x + \frac{y + z + u}{2} = 37;\quad y + \frac{x + z + u}{3} = 37;\quad z + \frac{x + y + u}{4} = 37;\quad u + \frac{x + y + z}{5} = 37.$

b) $x + 6 = \frac{1}{2}(y + z + u);\quad y + 6 = \frac{1}{3}(x + z + u);\quad z + 6 = \frac{3}{5}(x + y + u);\quad u + 6 = x + y + z.$

(Jordanus, + 1237?)

107. $\frac{x + y}{z - x} = 4\frac{1}{2};\quad \frac{y + z}{y - x} = 5;\quad x = 10\frac{3}{4}.$

(Levi Ben Gerson, 1288—1344.)

108. $x + \frac{1}{3} y + \frac{1}{3} z = 14;$
$y + \frac{1}{4} x + \frac{1}{4} z = 8;$
$z + \frac{1}{5} x + \frac{1}{5} y = 8.$
(Johannes Buteo, 1559.)

E. Aufgaben aus der Physik.

109. Zwei Kugeln aus Eichenholz und Fichtenholz haben gleiche Halbmesser; die erste wiegt 13,2 g, die andere 7,2 g. Wie groß sind die spezifischen Gewichte der beiden Hölzer, wenn das des Eichenholzes um 0,4 größer ist als das des Fichtenholzes?

110. Messing, eine Legierung von Kupfer (s = 8,9) und Zinn (s = 7,3) hat das spezifische Gewicht 8,5. Wieviel Prozent Kupfer und Zinn enthält es?

111. In welchen Abständen vom Drehpunkt eines Hebels müssen zwei Gewichte von 3 und 4,5 kg aufgehängt werden, wenn der eine Hebelarm um 30 cm kürzer als der andere und Gleichgewicht vorhanden sein soll?

112. Auf beiden Seiten eines Hebels hängen im Abstand 30 cm und 40 cm vom Drehpunkt zusammen 3,5 kg. Wie verteilt sich das Gewicht auf die beiden Hebelarme?

113. Bei einem zweiarmigen Hebel ist der eine Arm 20 cm länger als der andere. Wie lang sind die Hebelarme, wenn sich zwei an den Enden hängende Gewichte von 4 kg und 3 kg das Gleichgewicht halten?

114. Ein Stück Marmor (s = 2,7) und ein Stück Kork (s = 0,2) wiegen zusammen 5 kg. Wieviel Kork und Marmor ist es, wenn das Ganze in Wasser gerade schwebt?

115. Ein Stück Basaltstein wiegt in Wasser 22,8 g, in Brennspiritus (s = 0,8) 25,2 g. Wie schwer ist der Stein, wie groß sein Rauminhalt und sein spezifisches Gewicht?

---

116. Zwei Sirenen mit 30 und 50 Löchern gaben denselben Ton. Als man aber die Zahl der Umdrehungen in der Sekunde bei der ersten um 4 und bei der zweiten um 12 steigerte, erhielt man Grundton und Oktave. Welches waren die ursprünglichen Umdrehungsgeschwindigkeiten?

117. Zwei Saiten von verschiedener Länge, aber sonst gleicher Beschaffenheit gaben Grundton und Quint. Als die erstere um 11 cm, die andere um 4 cm verkürzt wurde, erhielt man Grundton und große Terz. Wie lang waren die Saiten ursprünglich?

118. Eine Saite von 31,5 cm Länge soll so geteilt werden, daß die beiden Teiltöne im Verhältnis des Grundtons zur Quart stehen. Wie lang sind die Teile?

119. Eine Saite von 74 cm Länge soll so in drei Teile geteilt werden, daß die Teiltöne Grundton, große Terz und Quint ergeben. Wie lang sind die einzelnen Stücke?

---

120. Ein Projektionsapparat soll in einer Entfernung von 4 m (20 m) vom Objektiv 15 (24) mal vergrößerte Bilder liefern. Wie groß muß die Brennweite gewählt werden, und wie weit ist das Lichtbild von der Linse entfernt?

Wie ändert sich die Vergrößerung und die Entfernung des Lichtbildes von der Linse, wenn man mit dem Schirm von 4 m auf 3 m herangeht?

121. Mit einem photographischen Apparat ($6\frac{1}{2} \times 9$ cm, $f = 10$ cm) will man eine Person von 1,80 m Größe photographieren. Wie weit entfernt von ihr muß man die Linse aufstellen und in welcher Entfernung von ihr ist das Bild aufzufangen, wenn es ganz auf die Platte kommen soll?

---

122. Eine Lampe hatte einen Stromverbrauch von 1,5 Amp. Als man mit ihr noch 50 Ohm in Reihe schaltete, sank die Stromstärke auf 0,9 Amp. Wie groß war der Widerstand der Lampe und die Netzspannung?

123. Eine Batterie lieferte 4 Amp. Strom. Als man noch 12 Ohm zuschaltete, sank die Stromstärke auf 3 Amp. Wie groß ist der Gesamtwiderstand und die elektomotorische Kraft?

124. **a)** Ein Strom von 24 Amp. verzweigt sich. Der Widerstand des einen Zweiges beträgt 6,4 Ohm, der des andern 9,6 Ohm. Wie verteilt sich der Strom auf die einzelnen Zweige?

b) Dieselbe Aufgabe für $\frac{2}{3}$ Amp., 20 Ohm, 30 Ohm.

§ 3. Quadratische Gleichungen mit einer Unbekannten.

A. Reine quadratische Gleichungen.

1. Welche Zahl gibt, mit sich selbst multipliziert, 7569?

2. Ein Quadrat hat 4225 qm Flächeninhalt; wie groß ist seine Seite?

3. Welches ist die mittlere Proportionale zu 33 und 132?

4. $x^2 = a^2 + 2ab + b^2$. **5.** $x^2 = 4a^2 - 12ab + 9b^2$.

6. $x^2 = 1557249444$ · **7.** $x^2 = 138{,}4569$ (2 Stellen).

8. $125 : x = x : 45$.

9. Ein quadratförmiger Garten erfährt einen Zuwachs von 1031 qm und bekommt dadurch einen Flächeninhalt von 5000 qm. Wie groß war seine Seite?

10. Das Quadrat einer Zahl ist um 17 kleiner als 1313; wie groß ist die Zahl?
11. $(x-3)(x-4) = 61 - 7x$. **12.** $(x-4)(2x-5) = x^2 - 13x + 84$.

13. $\frac{12}{x} + \frac{x}{3} = \frac{60}{x}$. **14.** $\sqrt{x^2 + 20} = 6$. **15.** $\sqrt{x^2 - 9} = 4$.

16. $\sqrt{x^2 + 15} = 32$ (3 Stellen). **17.** $\sqrt{x^2 - 2{,}6} = 3{,}8$ (3 Stellen).

---

18. Das Dreifache des Quadrats einer Zahl ist 2187; wie groß ist die Zahl?
19. Bei einem Quadrat wurde die eine Seite auf das Doppelte verlängert, die anstoßende auf ein Drittel verkürzt. Wie groß war seine Seite, wenn aus den neuen Seiten ein Rechteck von 150 qcm Inhalt gebildet werden konnte?
20. Wie groß sind die Seiten eines Rechtecks, wenn sie sich wie 3 : 4 verhalten und der Flächeninhalt des Rechtecks 27 qcm beträgt?
21. Der dritte Teil des Quadrats einer Zahl ist um 12 kleiner als 60; wie groß ist die Zahl?
22. Durch Vergrößerung auf das Vierfache und Hinzufügung von 893 qm gewann ein quadratförmiges Stück Land 5000 qm an Fläche; wie groß war die ursprüngliche Seite?
23. **a)** $15 : x = 9x : 375$. **b)** $1{,}5 : x = 0{,}2x : 0{,}243$.
24. $(x-2)(3x-5) = 157 - 11x$.
25. $(3x+4)(4x-3) = (x+2)(x+5) + 26$.
26. $(x+a)(x-a) = (2x+b)(2x-b)$.

27. $\frac{2x}{3} - \frac{3}{4x} = \frac{5x}{6} - \frac{27}{4x}$. **28.** $\frac{35}{x} - \frac{5x+4}{3} + \frac{20x+28}{21} = 0$.

29. $\frac{1}{2x} - \frac{1}{3x} + \frac{1}{4x} = 60x$. **30.** $\frac{a-x}{x+b} = \frac{a+x}{x-b}$.

31. $\sqrt{3x^2 - 23} = 13$. **32.** $\sqrt{0{,}23x^2 - 16{,}5} = 62{,}35$ (2 Stellen).

B. Gemischte quadratische Gleichungen ohne absolutes Glied.

33. Weshalb darf man die Gleichungen $x^2 + ax = 0$ oder $ax^2 = bx$ nicht dadurch „vereinfachen", daß man beide Seiten durch x dividiert? Wie sind solche Gleichungen vielmehr zu behandeln?
34. Welche Zahl ergibt, quadriert oder mit 5 multipliziert, dasselbe?
35. Das Dreifache des Quadrats einer Zahl ist gleich dem Vierfachen der Zahl selbst; wie groß ist die Zahl?
36. Eine Strecke von 25 cm soll so in zwei Teile zerlegt werden, daß das aus den Teilstrecken gebildete Rechteck gleich dem vierten Teil des Quadrats über einer der beiden Strecken ist. Wie groß sind die Teilstrecken?
37. $x(x-a) = 0$. **38.** $x^2 = ax - bx$. **39.** $12x(3x+5) = 69x$.

40. $(x-9)(x-16)=144.$ **41.** $(2x+1)(3x-8)=(x-2)(x+4).$

42. $(x-a)(x-b)=ab.$ **43.** $(ax+b)^2=abx+b^2.$

44. $\frac{x-3}{3x}-\frac{x+4}{4x}=\frac{x^2-16}{8x}.$

45. $\frac{x^2+bx+a}{b}-\frac{x^2-ax+b}{a}=\frac{a^2-b^2}{ab}.$

46. $\frac{a-x}{x+b}-\frac{a+x}{x-b}=\frac{x^2+(a+b)x-2ab}{x^2-b^2}.$

47. $\sqrt{3x+25}=x+5.$ **48.** $\sqrt{5x^2+7x+16}=3x-4.$

C. Gemischte quadratische Gleichungen mit absolutem Glied.

49. Zeige die Auflösung einer vollständigen quadratischen Gleichung in der Normalform an den Beispielen: **a)** $x^2+8x-65=0;$ **b)** $x^2-6x-27=0;$ **c)** $x^2+11x+28=0;$ **d)** $x^2-9x+18=0;$ **e)** $x^2+ax+b=0.$

50. Leite aus den Ergebnissen von 49 die Beziehungen ab, die zwischen der Summe und dem Produkt der Wurzeln einerseits und dem Koeffizienten des linearen Gliedes und dem absoluten Glied andererseits bestehen (Vietascher Wurzelsatz, 1591).

51. Inwiefern kann man den Wurzelsatz benutzen, wenn man die Lösung einer quadratischen Gleichung auf ihre Richtigkeit prüfen will? Weshalb darf man sich dabei aber nicht auf die Summe der Wurzeln beschränken?

52. a) Ein quadratförmiger Garten wird nach einer Seite um einen 10 m breiten Streifen erweitert und bekommt dadurch einen Gesamtinhalt von 3696 qm. Wie groß war die Quadratseite?

b) Von einem quadratförmigen Garten wird ein 3 m breiter Streifen abgetrennt, so daß er nur noch 248 qm Inhalt behält. Wie groß war die ursprüngliche Seite?

53. Bei welcher Zahl übertrifft das Quadrat ihr Sechsfaches um 160?

54. Wenn man eine Zahl mit der um 5 verminderten Zahl multipliziert, so erhält man 414. Wie groß war die Zahl?

55. Was läßt sich nach dem Vietaschen Wurzelsatz aus dem Vorzeichen des absoluten Gliedes auf die Vorzeichen der Wurzeln schließen? Bestimme hiernach ohne Ausführung der eigentlichen Rechnung durch passende Zerlegung dieses Gliedes die Wurzeln zu folgenden Gleichungen:

a) $x^2-11x+30=0;$ **e)** $x^2+12x=45;$

b) $x^2+11x+30=0;$ **f)** $x^2+24=10x;$

c) $x^2+7x-30=0;$ **g)** $x^2+13x+36=0;$

d) $x^2-7x-30=0;$ **h)** $x^2=7x+18.$

56. a) $x^2-6x-112=0;$ **b)** $x^2+38x+325=0.$

57. a) $x^2+51x-11782=0;$ **b)** $x^2=387x-37062.$

58. a) $x^2 + 5x + 5{,}8144 = 0$; b) $x^2 = 0{,}112 - 0{,}54\,x$.

59. a) $x^2 - \frac{25}{12}x + 1 = 0$; b) $x^2 + 4\frac{1}{4}\,x = 24\frac{3}{8}$.

60. a) $x^2 + 9x = 0{,}24$ (4 Stellen); b) $x^2 = 13x + 0{,}39$ (4 Stellen).

61. $x^2 - 3ax + 2a^2 = 0$. **62.** $x^2 + mx - 6m^2 = 0$.

63. $x^2 - 2ax = b^2 - a^2$. **64.** $x^2 - \frac{a+b}{ab}x + \frac{1}{ab} = 0$.

65. Ein Rechteck von 231 qm Inhalt entsteht aus einem Quadrat dadurch, daß man die eine Seite um 7 m verlängert und die anstoßende Seite um 3 m verkürzt. Wie groß war die Quadratseite?

66. In einem Rechteck von 16 m und 12 m Seitenlänge wird die längere Seite verkürzt und die kürzere um ein gleiches Stück verlängert, wodurch ein Rechteck von 115 qm Inhalt entsteht. Wieviel beträgt die Verkürzung und Verlängerung? Welche Bedeutung hat hier das negative Ergebnis?

67. Von einem Rechteck, in dem die eine Seite die andere um 12 m an Länge übertrifft, wird an der kürzeren Seite ein 5 m breiter Streifen abgetrennt, so daß sein Inhalt sich auf 812 qm vermindert. Wie groß waren die ursprünglichen Seiten? (2 Stellen.)

68. $(x-3)(x-13) = 200$.

69. $(x-2{,}7):(x+0{,}3) = (2x-17{,}4):(x-3{,}7)$.

70. $(x+3)^2 = (2x+6)(x-1)$. **71.** $\frac{x+17}{3} - \frac{16}{x-6} = 12$.

72. $\frac{2(x-5)}{9-x} - \frac{x-6}{12} = \frac{2}{3}$. **73.** $\frac{x}{m} - \frac{m}{x} = 1$.

74. $\sqrt{3x^2 - 363} = 2x - 14$. **75.** $\sqrt{3x+7} = x - 5$ (4 Stellen).

76. $\sqrt{x+5{,}5} = 7 - \sqrt{2x+9}$. **77.** $3 + 2\sqrt{x+1} = \sqrt{3x+76}$.

78. $\sqrt{x+a} = x - a$ (Probe für $a = 1$ und $a = 3$).

79. Von welcher Zahl übertrifft der vierte Teil das Dreifache um 16?

80. Eine Strecke ist einmal um 4 m verlängert und ferner um 6 m verkürzt. Errichtet man über der verlängerten und über der verkürzten Strecke Quadrate, so haben diese zusammen 212 qm Flächeninhalt. Wie groß war die ursprüngliche Strecke?

81. $9x^2 + 13\frac{1}{2}\,x + 5 = 0$. **82.** $12x^2 - 17x + 6 = 0$.

83. $5x^2 - 13{,}5\,x + 7{,}3 = 0$ (3 Stellen).

84. $3{,}5\,x^2 + 2{,}94\,x - 18{,}9 = 0$ (2 Stellen).

85. $(2x-3)(3x-4) = (x+2)(2x+3)$ (2 Stellen).

86. $(x-7)(5x-7) = 80 - (3x-1)(2x-10)$.

87. $\frac{1}{x-9} + \frac{x}{6} = \frac{3x-1}{4}$. **88.** $\frac{x}{7} - \frac{32}{x-40} = \frac{x-32}{4}$.

89. $\frac{1}{x-5} - \frac{1}{x-3} = \frac{1}{x-4} - \frac{1}{x+5}$.

90. $a x^2 + b c x + a b c = 0$ (Probe für $a = 3$, $b = 4$, $c = 9$).
91. $a b x^2 - (a^2 + b^2) x + a b = 0$.
92. $\sqrt{3x + 7} - \sqrt{9x - 2} = 1$. **93.** $\sqrt{x + 3} - \sqrt{x - 4} = \sqrt{x - 12}$.
94. $2\sqrt{x + 3} = \sqrt{5x + 6} - \sqrt{x - 6}$.
95. $\sqrt{\frac{1}{2} x + 1\frac{1}{2}} + \sqrt{1\frac{2}{3} x + \frac{2}{3}} = \sqrt{x + 20}$.

D*).

96. $\frac{x + 3}{x} - \frac{x}{x + 3} = \frac{5}{6}$. **97.** $\frac{2x - 5}{x + 10} = 2 - \frac{x + 10}{2x - 5}$.
98. $3\sqrt{x^2 - 8x + 16} - 18 = x^2 - 8x$.
99. $x^2 + 2x + 3\sqrt{x^2 + 2x + 1} = 27$.
100. $x^4 - 25 x^2 = 0$. **101.** $\frac{x - 1}{3x} = \frac{x + 3}{3x^2}$. **102.** $x^4 = 41 x^2 - 400$.
103. $2 x^5 + 288 x = 50 x^3$. **104.** $\frac{x^2 - 8}{16 x} = \frac{2x^2 - 9}{x^3}$.
105. $\frac{x^3}{9} - 2 = \frac{8}{9} + \frac{3}{x^3}$.
106. **a)** $\frac{x}{3} \cdot \frac{x}{4} = x + 24$;
b) $(1 + \frac{2}{3} x)(1 + \frac{3}{4} x) = 73$; **c)** $3x + 4\sqrt{x^2 - 3x} = 20$;
d) $3x + 4\sqrt{x^2 - 3x} = x^2 + 4$.
(Leonardo, Liber abaci, 1237.)
107. **a)** $\frac{x}{10 - x} + \frac{10 - x}{x} = 25$; **b)** $\frac{100}{x} + \frac{100}{x - 8} = 40$;
c) $10x - 60 + \frac{10x - 60}{x} = 80$.
(Regiomontanus, 1436—1476).
108. $\sqrt{12x - x^2} + 1 = \sqrt{36 - x^2}$.
(Chuquet, Le Triparty 1484).

E. Aufgaben aus der Geometrie.

109. Zwischen wieviel Punkten einer Ebene, von denen nirgends mehr als zwei in einer Geraden liegen, können im ganzen **a)** 78, **b)** 253 Verbindungslinien gezogen werden?

---

*) Bei den meisten Aufgaben dieser Gruppe ist zunächst eine Hilfsgröße y einzuführen und auszurechnen.

110. Wieviel Punkte sind aber vorhanden, wenn **a)** 3 davon in einer Geraden liegen und 208 Verbindungslinien möglich sind, **b)** 5 in einer Geraden liegen und 621 Verbindungslinien gezogen werden können?

111. In einer Ebene liegen 45 Punkte in 2 Gruppen. Innerhalb jeder Gruppe sollen nirgends mehr als 2 Punkte in einer Geraden liegen und alle Verbindungslinien gezogen werden. Wieviel Punkte gehören zu jeder Gruppe, wenn **a)** die Gesamtzahl dieser Linien 490 beträgt, **b)** die Gruppenzahlen dieser Linien sich wie 35 : 46 verhalten?

112. **a)** Wieviel Gerade bilden in der Ebene 595 Schnittpunkte, wenn nirgends Schnittpunkte zusammenfallen?
b) Wieviel Gerade bilden aber 185 Schnittpunkte, wenn 4 von ihnen durch einen Punkt gehen?

113. In welchem Vieleck lassen sich 104 Diagonalen ziehen?

114. Welches Vieleck hat bei Verdoppelung der Seitenzahl 5 mal so viel Diagonalen?

115. Ein Quadrat von 45 qm Inhalt soll in ein Rechteck von 36 m Umfang verwandelt werden. Wie groß werden die Seiten des Rechtecks?

116. Wie groß sind die Seiten eines Rechtecks, wenn die eine 5 cm länger ist als die andere und **a)** der Flächeninhalt 150 qcm, **b)** die Diagonale 25 cm beträgt?

117. Wie lang ist die Sehne eines Kreises vom Halbmesser 52 cm, die 8 cm kürzer ist als ihr Abstand vom Mittelpunkt?

118. Auf 2 Sekanten, die von einem Punkt an einen Kreis gezogen sind, schneidet dieser Sehnen von 9 und 5 cm Länge ab. Wie groß ist der äußere Abschnitt der ersteren Sekante, wenn der der letzteren 4 cm lang ist?

119. Von einem Punkt sind an einen Kreis eine Sekante und eine Tangente gezogen. Wie groß ist der äußere Abschnitt der Sekante, wenn ihre Sehne 40 cm und die Tangente 48 cm lang ist?

120. In zwei ähnlichen Vielecken sind zwei gleichliegende Seiten um 3 cm verschieden. Wie groß sind sie, wenn die Flächeninhalte der Vielecke sich wie 5 : 7 verhalten? (3 Stellen.)

121. Die Halbmesser zweier Kreise betragen zusammen 12 cm. Wie groß sind sie, wenn sich die Kreisflächen wie 2 : 3 verhalten? (3 Stellen.)

122. Wie groß ist die Kante eines Würfels, wenn sein Rauminhalt sich um 296 cbm vermindert, sobald seine Kanten um je 2 m verkürzt werden?

123. Die drei Kanten eines Rechtkants sind um je 5 cm voneinander verschieden. Wie groß sind sie, wenn der Rauminhalt um 3012 ccm zunimmt, sobald jede Kante um 3 cm verlängert wird?

F. Aufgaben aus der Physik.

124. Ein 4 kg schwerer Stein wird auf wagerechter Unterlage fortgeschleudert. Wie groß ist seine Anfangsgeschwindigkeit, wenn er nach 4,5 m zur Ruhe kommt und der Reibungswiderstand $\frac{2}{5}$ vom Gewicht des Steines beträgt? (Vom Luftwiderstand soll abgesehen werden.)

125. Der Luftwiderstand eines fallenden Körpers beträgt etwa 0,03 v^2 kg auf 1 qm. Welche Höchstgeschwindigkeit wird also ein frei fallender Körper von 12 kg erlangen, wenn er der Luft eine Fläche von 1 qdm bietet? (Bombenabwurf vom Flugzeug.)

126. Eine Bleikugel fällt in einen 54 m tiefen Brunnen. Nach wieviel Sekunden (1 Stelle) schlägt sie unten auf? ($g = 9{,}81$ m; vom Luftwiderstand soll abgesehen werden.)

127. Ein Stein wird mit einer Geschwindigkeit von 30 m senkrecht nach oben geschleudert. Nach welcher Zeit erreicht er eine Höhe von 25 m, und nach welcher Zeit und in welcher Höhe die größte Höhe? ($g = 10$ m; vom Luftwiderstand soll abgesehen werden.)

128. Eine optische Bank hat 100 cm Länge. An einem Ende steht ein Schirm, am andern eine Lichtquelle. Wo muß eine Linse von 16 cm Brennweite stehen, damit das Bild der Lichtquelle gerade auf den Schirm fällt?

129. Bei einer Linse mit der Brennweite $f = 20$ cm ist die Bildweite 9 cm größer als die Gegenstandsweite. Wie groß sind beide? (Welche physikalische Bedeutung hat der negative Wert der Gegenstandsweite?)

130. Ein Projektionsapparat, bei dem die Brennweite des Objektivs 28,2 cm beträgt, gibt ein scharfes Bild bei einer Entfernung von 5 m zwischen Schirm und Lichtbild. Wie stark ist die Vergrößerung? (1 Stelle.)

131. Zwei Widerstände geben hintereinander geschaltet 12 Ohm, parallel geschaltet 2,25 Ohm. Wie groß sind sie?

132. Mittels 12 Lampen zu 240 Ohm läßt sich durch Hintereinanderschalten von Gruppen parallel geschalteter Lampen ein Widerstand von 180 Ohm herstellen. Wieviel Gruppen sind zu bilden, und wieviel Lampen enthält jede Gruppe?

Vierter Teil: Graphische Darstellungen.

§ 1. Vergleichende Darstellungen.

1. Stelle durch entsprechend lange wagerechte oder senkrechte Strecken, die nach einem zweckmäßigen Maßstab zu zeichnen sind, dar:

a) Die Längen der Flüsse Missouri-Mississippi (6600 km), Kagera-Nil (6500), Amazonas (5500), Kongo (4200), Wolga (3600), Donau (2900), Rhein (1300).

b) Die Längen folgender Tunnels: Simplon (19,8 km), St. Gotthard (15,0), Mont Cenis (13,6), Arlberg (10,3), Tauern (8,6), Pyrenäen (7,6), bei Cochem (Mosel, 4,2), Distelrasen (Bebra-Frankfurt, 3,4), Brandleite (Thüringer Wald, 3,0).

c) Die Höhen folgender Berge: Mount Everest (8882 m), Aconcagua (7010), Chimborazo (6300), Kilima-Ndscharo (5900), Mont Blanc (4810), Ortler (3900), Ätna (3300), Zugspitze (2964), Schneekoppe (1600).

d) Die Höhen folgender Alpenpässe: Stilfser Joch (2800 m), Gr. St. Bernhard (2500), Furka (2400), St. Gotthard (2100, Tunnel 1150), Mt. Cenis (2100, Tunnel 1290), Simplon (2000, Tunnel 700), Arlberg (1800, Tunnel 1310), Brenner (1370), Semmering (980).

e) Die Höhen folgender Bauwerke: Eiffelturm, Paris (330 m), Funkturm, Königswusterhausen (283), Funkturm, Nauen (260), Münster, Ulm (161), Dom, Köln (158), Cheops Pyramide (146), Münster, Straßburg (143), Stephansdom, Wien (137), St. Peter, Rom (136), Dom, Berlin (110), Völkerschlachtdenkmal, Leipzig (90).

f) Die spezifischen Gewichte von Aluminium (2,7), Blei (11,3), Eisen (7,8), Gold (19,2), Kupfer (8,7), Platin (21,4), Silber (10,5), Zink (7,1), Zinn (7,3).

g) Die Schmelzpunkte von Platin (1775° C), Schmiedeeisen (1550), Stahl (1350), Gußeisen (1100), Kupfer (1100), Gold (1075), Silber (954), Blei (330), Zinn (230), Schwefel (111).

h) Die Siedepunkte von Schwefel (448° C), Quecksilber (350), Schwefelsäure (325), Weingeist (78,4), Äther (34,9). (Unter normalem Luftdruck.)

2. Stelle durch strahlenförmig von einem Punkt ausgehende Strecken dar:

a) Die kürzesten Bahnentfernungen *) von Berlin nach Aachen (624 km), Bremen (341), Breslau (332), Danzig (466), Dresden (179), Frankfurt a. M (539), Hamburg (290), Hannover (259), Kiel (344), Köln (577), Königsberg (597), Leipzig (165), Magdeburg (142), Mannheim (625), München (654), Stettin (135), Stuttgart (652).

b) Die Entfernungen nach Bahnfahrtstunden von Berlin nach Riga (24 Std.), Moskau (43), Warschau (12), Bukarest (39), Lemberg (14), Wien (14), Prag (7), Budapest (20), Belgrad (37), Triest (26), Rom (34), Zürich (18), Mailand (24), Genua (27), Basel (14), Genf (20), Brüssel (14), Paris (18), Amsterdam (10), London (20), Kopenhagen (11), Oslo (26), Stockholm (22).

c) Die kürzesten Bahnentfernungen des Schulorts von anderen Städten (in Kilometer oder Stunden) nach dem Aushang auf dem Bahnhof oder nach einem Kursbuch.

3. Stelle durch Rechtecke mit gleichen Grundlinien dar:

a) Die Größe folgender Seen: Genfer See (580 qkm), Bodensee (540), Vierwaldstätter See (110), Züricher See (90), Starnberger See (60), Ammersee (50).

b) Die Größe folgender Inseln: Großbritannien (230000 qkm), Island (103000), Irland (84000), Sizilien (25000).

c) Die Größe der Erdteile nach Tabelle 3.

d) Die Größe der Ozeane nach Tabelle 4.

e) Die Flußgebiete der Ströme Missouri-Mississippi (3250 Tausend qkm) Kagera-Nil (2800), Amazonas (7000), Kongo (3700), Wolga (1460), Donau (817), Rhein (225).

f) Die jährlichen Niederschläge (in mm) in den verschiedenen Breiten

	0°-10°	10°-20°	20°-30°	30°-40°	40°-50°	50°-60°	60°-70°	70°-80°	80°-90°
Nördl. Breite	1716	947	786	522	508	504	348	259	340
Südl. Breite	1812	1100	638	573	870	1021	300		

*) Zum besseren Vergleich empfiehlt sich in gleichmäßigen Abständen (z. B. von 50, 100, 150 usw. km) Kreise um den Ausgangspunkt zu schlagen.

4. Stelle durch ein Rechteck mit teils wagerechter, teils senkrechter Teilung dar nach Art der Figur 6
   a) Die Größe der Länder des Deutschen Reiches nach Tabelle 12.
   b) Die Bevölkerungszahlen der Länder des Deutschen Reiches nach Tabelle 12.

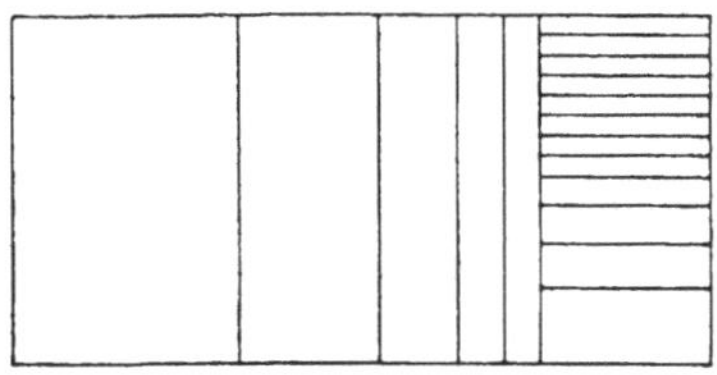

Fig. 6.

Anleitung: Scheide die Länder nach einem Flächeninhalt über und unter 10000 qkm (die letzteren machen zusammen 26727 qkm aus und werden mit den wagerechten Teilstrichen dargestellt) und wähle die Grundlinie des ganzen Rechtecks zu $2 \times 9{,}4$ cm, die Höhe zu $4 \times 2{,}67$ cm (weshalb?). Entsprechend bei der Darstellung der Bevölkerungsziffern.

5. Stelle durch geteilte Rechtecke mit gleichen Grundlinien (oder gleichen Höhen) dar:
   a) Die Größe der Erdteile mit ihrer Gliederung nach Tabelle 3.
   b) Den Schiffsverkehr in den Hauptseekanälen mit dem Anteil der deutschen Schiffe α) nach der Zahl, β) nach dem Rauminhalt der Schiffe (Tabelle 14).
   c) Die Verteilung von Land- und Stadtbevölkerung in Belgien (Land 22%, Klein- und Mittelstädte 67%, Großstädte 11%), Dänemark (57; 23; 20), Deutschland (35; 38; 27), England (23; 39; 38), Frankreich (46; 39; 15), Niederlande (8; 68; 24), Österreich (40; 27; 33), Schweiz (39; 49; 12), Vereinigte Staaten (49; 25; 26).
   d) Die Bodenbenutzung im Deutschen Reich im Jahre 1913 und den Verlust durch Gebietsabtretung nach Tabelle 2.

6. Stelle durch einen Kreis mit entsprechend großen Kreisausschnitten*) dar:
   a) Die Verteilung von Land und Wasser auf der Erde
      α) ohne Polargebiete: Land 135,8 Mill. qkm = 27,7%,
      Wasser 354,2 „ = 72,3%,

---

*) **Diese Darstellung empfiehlt sich bei Teilen eines Ganzen. Sind die Teile in Prozenten des Ganzen angegeben, so ist** $100\% = 360^0$, **also** $x\% = 3{,}6 \cdot x^0$. **Ist dies nicht der Fall und kommt auf das Ganze** a **der Teil** b, **so ist** $a = 360^0$, **also** $b = \frac{360}{a} \cdot b^0$.

β) mit Polargebieten: Land 144 Mill. qkm = 28%,
Wasser 366 „ = 72%.

b) Die Flächeninhalte der Erdteile nach Tabelle 3.

c) Die Flächeninhalte der Ozeane nach Tabelle 4.

d) Die Bevölkerungszahlen der Erdteile nach Tabelle 3.

e) Den Anteil der Nationen an dem Verkehr im Kaiser-Wilhelm-, Suez- und Panamakanal α) nach der Zahl, β) nach dem Rauminhalt der Schiffe, s. Tabelle 14.

f) Die Welternte von Baumwolle 1924/25 in den Vereinigten Staaten von Nordamerika (13628 Ballen zu 226,5 kg), Indien (5069), Ägypten (1507) und anderen Ländern (4596).

7. Stelle durch Rechtecke mit besonderer Bedeutung für die Höhe und den Flächeninhalt dar:

a) Die Flußlängen mit Flußgebieten nach Aufg. 1 **a** und 3 e.

b) Die Küstenlängen der Erdteile mit ihrem Flächeninhalt:

Festland	Europa	Asien	Afrika	Austral.	Nord-amerika	Süd-amerika	
Küstenlänge	37900	69900	30500	19500	75500	28700	km
Flächeninhalt	9219	41480	29205	7601	19982	17629	Tausend qkm
Mittlere jährl. Niederschlagsmenge	59,5	74,8	82,0	50,3	64,1	142,4	cm
„	5800	33600	24400	4000	13200	25200	cbkm

c) Die mittlere jährliche Niederschlagshöhe der Erdteile nebst dem Rauminhalt der Niederschlagsmenge.

d) Die Flächeninhalte der Ozeane mit den Flächeninhalten der zugehörigen Flußeinzugsgebiete nach Tabelle 4.

Anleitung: Die erstgenannten Größen werden durch senkrechte Strecken dargestellt, die zu zweit genannten durch angeschlossene Rechtecke von gleicher Höhe, deren Breite so zu bemessen ist, daß die Flächeninhalte der Rechtecke diesen Größen entsprechen.

§ 2. Graphische Darstellung empirischer Funktionen.

1. Stelle die Änderung der Lufttemperatur nach der folgenden Tabelle graphisch dar:

Um	0	2	4	6	8	10	12	14	16	18	20	22	24	Uhr
Temp.	10°	9°	9°	$10\frac{1}{2}$°	$12\frac{1}{2}$°	19°	$22\frac{1}{2}$°	$23\frac{1}{2}$°	21°	18°	$15\frac{1}{2}$°	14°	$12\frac{1}{2}$°	Celsius

Vgl. Fig. 1 auf Tafel III, wo ein Zeitraum von 2 Stunden durch eine Strecke von 3 mm und 1° C durch eine solche von 1 mm dargestellt ist.

Beurteile die Temperaturänderungen nach dem Grad des Steigens und Fallens der gebrochenen Linie.

2. Vergleiche die vorige Linie mit der in Fig. 7 wiedergegebenen Temperaturkurve eines selbstaufzeichnenden Thermometers, soweit der erste

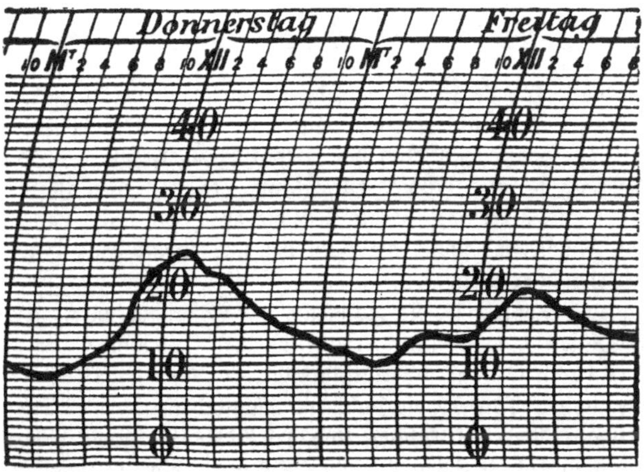

Fig. 7

Tag in Betracht kommt. Zeige durch den Vergleich, daß man in Fig. 1 auf Tafel III aus der gebrochenen Linie keine Schlüsse auf die Zwischentemperaturen ziehen kann.

3. Stelle graphisch die nachstehenden Ergebnisse der Verkehrszählung auf den Berliner Stadt-, Ring- und Vorortbahnen am 6. 5. 1925 dar:

Von	4—5	5—6	6—7	7—8	8—9	9—10	10—11	11—12	12—13
	12986	79808	116375	110690	63031	38625	33546	31421	39577
	13—14	14—15	15—16	16—17	17—18	18—19	19—20	20—21	21—22
	50416	51397	82833	136463	118302	71428	67748	40107	30413
	22—23	23—24	0—1	1—2	Uhr				
	27200	21654	10518	4102	Personen				

4. Stelle in einem Netz auf Grund nachstehender Tabelle den nach den Jahren 1923—25 berechneten durchschnittlichen Gang der Lufttemperatur in Emden, Frankfurt a. M., Königsberg und München dar und vergleiche die Temperaturlinien:

	Jan.	Febr.	März	April	Mai	Juni	Juli	Aug.	Sept.	Okt.	Nov.
Emden	2,3	1,8	3,7	7,0	12,2	13,3	17,8	15,5	13,0	10,0	3,7
Frankfurt a. M.	1,4	3,0	5,2	9,3	14,9	15,7	19,5	17,0	13,8	10,6	3,7
Königsberg	—1,5	—2,2	0,5	5,3	12,6	13,4	17,2	15,9	13,0	8,5	2,8
München	—0,3	1,2	3,3	7,5	13,3	14,8	18,5	16,9	13,6	10,0	2,4

5. Stelle nach Tabelle 13 die Zahl der Geburten und Sterbefälle graphisch dar, die seit 1911 auf je 10000 Einwohner des Deutschen Reiches entfallen sind, desgleichen auch den Geburten-Überschuß.

6. Stelle nach Tabelle 11 die Entwicklung des deutschen Luftverkehrs in 3 Linien graphisch dar, desgleichen die durchschnittliche Länge der einzelnen Flugstrecke, sowie die Zahl der mit einem Flug durchschnittlich beförderten Personen.

7. Stelle nach Tabelle 16 die Zunahme des Bestandes an Kraftfahrzeugen in 3 Linien dar, desgleichen auf wieviel Einwohner des Deutschen Reiches (Tabelle 6) je 1 Kraftfahrzeug der einzelnen Arten entfällt.

8. Stelle nach Tabelle 15 die Zahl der männlichen und weiblichen Studierenden auf den Universitäten und technischen Hochschulen dar.

9. Stelle nach Tabelle 8 den Verkehr im Kaiser-Wilhelm-Kanal in 4 Linien dar, desgleichen den Raumgehalt, der im Durchschnitt auf jedes Schiff entfällt.

10. Lies und vergleiche die Linien in Figur 1 auf Tafel I (Tabelle 6), die die Auswanderung von 1872—1905 darstellen, und führe die Zeichnung nach Tabelle 6 und 7 für die Jahre 1906—1914 und von 1920 an fort. (Die Ziffern an den Linien entsprechen denen der Tabelle; 1 Jahr = 3 mm, 10000 Auswanderer = 1 mm).
Stelle nach der Tabelle (d) die Gesamtauswanderung von Deutschen in ‰ der Bevölkerung (b) dar.

11. Lies und vergleiche in Figur 2 auf Tafel I (Tabelle 6) die Linien, die die Entwicklung des deutschen auswärtigen Handels darstellen, und führe sie nach Tabelle 6 und 7 über 1905 weiter. (Bei g und h ist der gesamte Handel (Generalhandel) in Betracht gezogen, bei i und k die Ein- und Ausfuhr von Waren in den freien bzw. aus dem freien Verkehr des Zollgebiets (Spezialhandel); 1 Jahr = 3 mm, 1 Mill. Tonnen = 1 mm, 1 Mill. Mark = 1 mm.)

Stelle Linien her nach dem Gewicht und nach dem Wert

a) für den Gesamthondel (Einfuhr + Ausfuhr),

b) für den Überschuß der Einfuhr über die Ausfuhr,

c) für die Einfuhr
d) für die Ausfuhr
e) für den Gesamthandel } auf 1 Million Einwohner.

12. Lies und vergleiche die Linien in Figur 3 auf Tafel I (Tabelle 9), die, die Entwicklung der deutschen Seeschiffahrt (ohne Reichsmarine) darstellen und führe nach Tabelle 10 die Linien m, n, p, q, s, t über 1905 hinaus fort, dazu zwei neue Linien v und w für die Zahl und den Rauminhalt der Motorschiffe. (Berücksichtigt sind nur Schiffe mit mehr als 50 cbm = 17,65 Register-Tons Rauminhalt; 1 Jahr = 3 mm, 100 Schiffe = 1 mm, 100000 Reg.-Tons = 1 mm.)

Stelle Linien her für:

a) die Besatzung nach o, r und u;

b) den durchschnittlichen Rauminhalt der Schiffe;

c) den Raumgehalt auf 1 Million Einwohner;

d) den Raumgehalt auf 1000 Mann Besatzung.

13. Lies den graphischen Eisenbahnfahrplan in Tafel II. Die Linien mit Zahlen unter 1000 stellen Personen- und Schnellzüge, mit solchen über 1000 Güterzüge (doppeltlinig Eilgüterzüge, gestrichelt Bedarfszüge) dar.

a) Woran ist das auch sonst zu erkennen?

b) Bilde dir ein Urteil über die Höhenverhältnisse der Bahn.

c) Desgleichen über die Geschwindigkeit der Züge.

d) Wann und wo begegnen sich die Züge?

e) Welches ist die durchschnittliche Geschwindigkeit der Züge vor und nach der Steigung?

14. Entwirf einen dem oberen Teil der Tafel II entsprechenden graphischen Fahrplan für irgendeine Eisenbahnstrecke nach dem Fahrplanbuch.

15. Entwirf nach Tabelle 1 eine Linie, die zeigt, in welcher Weise die Löslichkeit von Salzen von der Temperatur abhängt.

16. Desgleichen nach Tabelle 5 für die Absorption eines Gases (Schwefeldioxyd, SO_2) nach Volumen und Gewicht.

17. Desgleichen nach folgender Tabelle eine Linie für die Spannkraft des Wasserdampfes in mm Quecksilber, und zwar getrennt für 0° bis 100° und (nach einem anderen Maßstab) über 100° hinaus.

Temperatur	0°	10°	20°	30°	40°	50°	60°	70°	80°	90°	100°	C
Spannkraft	4,6	9,1	17,4	31,5	54,9	92,0	148,9	233,3	354,9	525,5	760	mm

Temperatur	100°	110°	120°	130°	140°	150°	160°	180°	200°	230°	C
Spannkraft	760	1075	1491	2030	2718	3581	4652	7547	11689	20926	mm

Vorbemerkung: In den nachstehenden Aufgaben sind die darzustellenden Zahlenwerte durch Zeichnung und Messung zu ermitteln. Für die Darstellung der Winkel kann man den Maßstab an sich willkürlich wählen, z. B. 0,5 mm für 1^0 oder 0,2 mm für 1^0 je nach dem Umfang der zu erwartenden Zeichnung. Soll dagegen die entstehende Kurve näher untersucht werden, so ist es aus später einzusehenden Gründen zweckmäßig, den Winkel durch sein Bogenmaß darzustellen, d. h. durch die Länge des Bogens, den seine Schenkel auf dem um seinen Scheitel geschlagenen Einheitskreis (Kreis mit der Längeneinheit als Halbmesser) abschneiden. In diesem Fall wären demnach 360^0 durch 2π, also durch 6,28 (cm) darzustellen.

18. In einem Dreieck ABC ist $b = 4$ cm, $\alpha = 56^0$, dagegen γ veränderlich von 0^0 bis 124^0. Die Abhängigkeit der Seiten a und c sowie des Winkels β von γ darzustellen.

Bem.: Es kann auch a oder c als unabhängige Veränderliche gewählt werden.

19. In einem Dreieck ABC ist $b = 4$ cm, $c = 5$ cm, dagegen α veränderlich von 0^0 bis 180^0. Die Abhängigkeit der Seite a sowie der Winkel β und γ von α darzustellen.

Bem.: Es kann auch a oder β oder γ als unabhängige Veränderliche gewählt werden.

20. In dem Einheitskreis (s. o.) dreht sich der zunächst wagerecht nach rechts gerichtete Halbmesser entgegengesetzt zum Drehungssinn des Uhrzeigers um den Mittelpunkt, so daß er Winkel von 0^0 bis 360^0 beschreibt. Es soll die Abhängigkeit seiner Projektion **a)** auf den senkrechten, **b)** auf den wagerechten Durchmesser vom Drehungswinkel graphisch dargestellt werden. Projektionen **a)** unter dem wagerechten, **b)** links vom senkrechten Durchmesser sind negativ zu rechnen.

21. In dem Einheitskreis dreht sich der Halbmesser wie in 20. Seine Verlängerung in der eigenen oder in der entgegengesetzten Richtung schneidet

a) auf der rechts angelegten senkrechten, **b)** auf der oben angelegten wagerechten Tangente eine (vom Berührungspunkt aus gerechnete) Strecke ab, deren Länge von der Größe des Drehungswinkels abhängig ist. Diese Abhängigkeit soll graphisch dargestellt werden Die Strecken sind negativ wie in 20 zu rechnen.

22. In einem Kreise verschiebt sich eine Sekante parallel. Die Abhängigkeit der Länge ihrer Sehne und des zugehörigen Mittelpunktswinkels von dem Mittelpunktsabstand darzustellen.

Bem.: Es kann auch die Sehne selbst oder der Mittelpunktswinkel als unabhängige Veränderliche gewählt werden.

§ 3. Lineare Funktionen.

Vorbemerkung: Benutze die gezeichneten Linien stets, um zu beliebigen x die zugehörigen y und umgekehrt zu bestimmen.

1. Stelle auf Grund einer Zahlentabelle für $-4 \gtreqless x \gtreqless +4$ die linearen Funktionen **a)** $y = x$; **b)** $y = x + 2$ (Linie 1 auf Tafel IV); c) $y = x - 2$ (Linie 2 auf Tafel IV) graphisch dar. Was für Linien entstehen, wenn man sich alle möglichen Zwischenpunkte noch eingeschaltet denkt? Welche Linie im besonderen bei a? Wie kann man die Linien von b und c aus der Linie von a erhalten?

2. Zeichne entsprechend die Geraden zu **a)** $y = -x$; **b)** $y = -x + 2$ (Linie 3 auf Tafel IV); **c)** $y = -x - 1$. Wie kann man die Gerade 2 a aus 1 a erhalten? (Symmetrie!) Wie 2 b und 2 c aus 2 a?

3. Die Abhängigkeit des Supplement- und des Komplementwinkels von dem Winkel x graphisch darzustellen (1^0 durch 0,5 mm).

4. Zeichne die Geraden zu **a)** $y = 2x$; **b)** $y = 2x + 3$; **c)** $y = 2x - 5$. Wie geht die Gerade 3 a aus 1 a hervor, wie 3 b und 3 c aus 3 a? Vergleiche die Steigung dieser Geraden mit der der Geraden in 1.

5. Zeichne die Geraden zu **a)** $y = \frac{1}{2} x$; **b)** $y = \frac{3}{4} x$; **c)** $y = \frac{1}{6} x$ mit Hilfe der Geraden $y = x$ und vergleiche die Steigungen.

6. Zeichne die Geraden zu **a)** $y = -3x$; **b)** $y = -\frac{1}{2} x$; **c)** $y = -\frac{1}{5} x$ mit Hilfe der Geraden $y = -x$ und vergleiche das Fallen der Geraden.

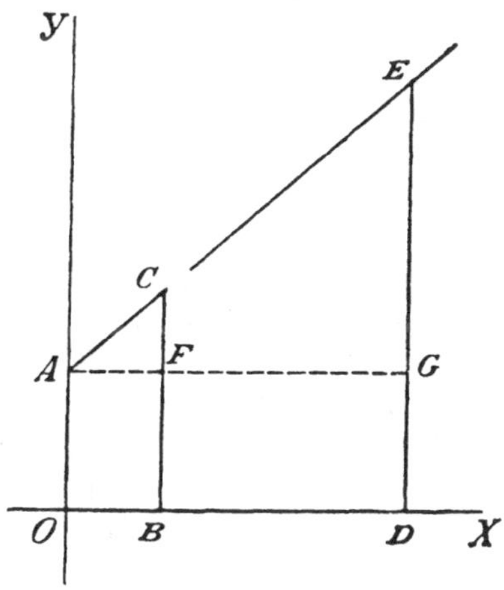

Fig. 8.

7. Die Abhängigkeit des Winkels an der Spitze eines gleichschenkligen Dreiecks vom Basiswinkel und umgekehrt darzustellen.

8. Zeichne die Geraden zu **a)** $y = 12x$; **b)** $y = \frac{1}{20} x$. Welchen Zweck hat es hier, den Maßstab für die y zu verkürzen oder zu vergrößern, und welchen Einfluß hat diese Änderung auf die Gestalt und Steigung der Linie?

9. Beweise nunmehr, daß eine lineare Funktion stets durch eine Gerade dargestellt wird.

Anleitung: In der Funktion $y = ax + b$ erhält man für

$x =$	0	1	c
$y =$	b	$a+b$	$ac+b$,

worin c einen beliebigen Wert bedeutet. Die graphische Darstellung liefert alsdann die Punkte A, C und E. Zieht man CA, EA und die Parallele AFG zu OD, so ist $OA = b$, $CB = a + b$, $ED = ac + b$, also $CF = a$, $EG = ac$. Ferner ist $OB = 1$, $OD = c$. Beweise nun, daß $\triangle CAF \sim \triangle EAG$ ist. Was folgt daraus für die Winkel CAF und EAG und damit für die Geraden AC und AE und die Punkte A, C und E? Wie ist damit nun bewiesen, daß $y = ax + b$ in der Tat durch eine Gerade dargestellt wird?

Bemerkung: Der Beweis kann auch trigonometrisch mit $\operatorname{tg} CAF$ und $\operatorname{tg} EAG$ geführt werden und ergibt dann sofort die Bedeutung des Koeffizienten a.

10. Wieviel Punkte brauchen daher bei der Darstellung einer linearen Funktion nur bestimmt zu werden?

11. Zeichne die Gerade $y = \frac{2}{3}x - 2$ auf Grund der y-Werte für $x = 0$ und $x = 6$. Weshalb wählt man die beiden Punkte möglichst weit auseinander?

12. Desgleichen $y = -\frac{3}{4}x + 6$.

13. Wie ergibt sich aus den in 11 und 12 gezeichneten Geraden die Lösung der Gleichungen $\frac{2}{3}x - 2 = 0$ und $-\frac{3}{4}x + 6 = 0$?

14. Zeichne die Geraden **a)** $x + y = 5$; **b)** $2x - y = 7$; **c)** $\frac{1}{2}x + \frac{2}{3}y = 5$; **d)** $4x - 3y = 0$ mit Hilfe der Punkte, die einmal dem Wert $x = 0$ und andererseits dem Wert $y = 0$ entsprechen.

15. Welche Bedeutung haben nach Figur 8 in der Funktion $y = ax + b$ der Koeffizient a und das absolute Glied b für die dargestellte Gerade?

16. Wie geht die Gerade **a)** $y = ax$ aus $y = x$; **b)** $y = -ax$ aus $y = ax$ (Symmetrie!), **c)** $y = -ax$ aus $y = -x$ hervor?

17. Wie gehen die Geraden **a)** $y = x \pm b$ aus $y = x$; **b)** $y = ax \pm b$ aus $y = ax$ hervor?

18. Zeichne die Gerade $y = 2x + 3$ und zeige, daß für jeden Punkt seitwärts dieser Geraden die Gleichung nicht erfüllt ist; entsprechend für die Gerade $y = -3x + 5$. Für die Koordinaten nur welches Punktes sind also beide Gleichungen zugleich erfüllt? Bestimme auf diese Weise die Werte von x und y, die beiden Gleichungen genügen (Fig. 2 auf Tafel III).

19. Löse die folgenden linearen Gleichungen auf graphischem Wege:

a) $y = 4x - 5$; $y = \frac{1}{2}x + 2$. **b)** $y = x + 5$; $y = -3x + 1$. **c)** $y = \frac{1}{2}x - 4$; $y = -x - 7$.

20. Desgleichen:

a) *) $5x + 6y = -2$; $3x + 4y = 0$; **b)** $\frac{1}{2}x - \frac{1}{4}y = 2$; $\frac{1}{3}x + \frac{1}{2}y = 0$; **c)** $6x - 4y = -11$; $5x = 7y$.

21. Desgleichen:

a) $3x - 2y = 0{,}1$; $2x - 3y = -5{,}6$; **b)** $y + 2x = 7{,}1$; $x + 3y = -2{,}2$; **c)** $2y - 2{,}8 = 7x$; $\frac{1}{4}x = 1{,}9 + 1\frac{1}{2}y$.

22. 4 Grade nach Reaumur entsprechen 5 Graden nach Celsius. Stelle die Reaumurgrade als Funktion der Celsiusgrade dar und benütze die Zeichnung zur Umwandlung beliebiger Grade der einen Art in solche der andern.

23. 0^0 Celsius entspricht 32^0 Fahrenheit und 100^0 Celsius 212^0 Fahrenheit. Stelle y^0 Fahrenheit als Funktion von x^0 Celsius (und y^0 Celsius als Funktion von x^0 Fahrenheit) dar und benutze die Zeichnung wie in 22.

24. In 60 Minuten legt ein Personenzug im Durchschnitt 40 km, ein Schnellzug 85 km zurück. Stelle unter der Voraussetzung, daß die Bewegung gleichförmig ist, die Beziehung zwischen Weg und Zeit graphisch dar, indem du entweder für den Weg die x-Achse und für die Zeit die y-Achse oder umgekehrt für den Weg die y-Achse und für die Zeit die x-Achse benutzt. **a)** Wo befinden sich bei gleichzeitiger Abfahrt von demselben Ort und nach derselben Richtung die Züge nach 43 Minuten, und um wieviel Kilometer ist der Schnellzug dem Personenzug voraus? **b)** Nach wieviel Minuten haben die Züge 29,3 km zurückgelegt?

25. Ein Radfahrer bricht um 10^{12} in A auf und trifft in dem 23 km entfernten Ort B um 12^{06} ein. Welches war seine durchschnittliche Geschwindigkeit in der Stunde?

26. Ein Personen- und ein Schnellzug fahren die Strecke $AB = 25$ km einander entgegen und werden gleichzeitig von A und B abgelassen; wo und nach wieviel Minuten begegnen sich die Züge? (Geschwindigkeiten s. 24.)

27. Desgleichen, wenn der Schnellzug 12 Minuten später abfährt als der Personenzug.

28. Von einem Ort A geht ein Fußgänger um 8 Uhr nach einem 30 km entfernten Ort B, indem er 4,5 km in der Stunde zurücklegt. Ein Radfahrer folgt um 9^{12} mit einer Geschwindigkeit von 12 km in der Stunde nach. **a)** Wann treffen sie in B ein? **b)** Wo und wann wird der Fußgänger von dem Radfahrer überholt? **c)** Wieviel Kilometer sind sie um 10^{30} und um 11 Uhr voneinander entfernt?

---

*) Weshalb wird bei der graphischen Lösung dieser Gleichungen das Ergebnis leicht ungenau?

§ 4. Quadratische Funktionen.

1. Stelle auf Grund einer Zahlentabelle die Funktion $y = x^2$ graphisch dar (Linie 7 auf Tafel IV), und zwar **a)** y unverkürzt, **b)** y auf die Hälfte, **c)** y auf $^1/_{10}$ verkürzt. Vergleiche die 3 Kurven (Parabeln). Welche Lage haben sie zur Y-Achse (Symmetrie!), welche zur X-Achse? Wo liegt der Scheitel?
2. Benutze die Kurven zum Quadrieren von $x = 0{,}8;\ 1{,}3;\ 6{,}2;\ -4{,}9;\ -2{,}7$.
3. Benutze die Kurven zum Ausziehen der Quadratwurzel aus 2; 3; 5; 2,7; 4,2; 20,6; 46,8, indem du y diesen Werten gleich setzt.
4. Wie geht die Parabel $y = -x^2$ aus $y = x^2$ hervor?
5. Wie gehen die Parabeln $y = x^2 \pm 3$ aus $y = x^2$ hervor? (Symmetrie, Scheitellage.) Wie $y = -x^2 \pm 3$ aus $y = -x^2$?
6. Wie entstehen die Kurven **a)** $y = \frac{1}{2}x^2$; **b)** $y = 2x^2$; **c)** $y = 3x^2$ aus $y = x^2$?
7. Wie **a)** $y = -\frac{1}{2}x^2$; **b)** $y = -2x^2$; **c)** $y = -3x^2$ aus den vorigen?
8. Wie **a)** $y = \frac{1}{2}x^2 \pm 2$; **b)** $y = -2x^2 \pm 5$ aus den zugehörigen Funktionen ohne absolutes Glied?
9. Welche Bedeutung hat in der Funktion $y = ax^2$ der Koeffizient a für die Gestalt der Parabel? Welche Lage hat die Parabel?
10. Welche Bedeutung hat in der Funktion $y = ax^2 + c$ das absolute Glied für die Lage der Parabel?
11. Zeichne die Kurve $y = x^2 + \frac{1}{2}x$ auf Grund einer Zahlentabelle.
12. Wie läßt sich die Kurve $y = x^2 + \frac{1}{2}x$ mit Hilfe der Parabel $y_1 = x^2$ und der Geraden $y_2 = \frac{1}{2}x$ zeichnen?
13. Wie kann man nachweisen, daß $y = x^2 + \frac{1}{2}x$ auch eine Parabel ist?
    Anleitung: $y = x^2 + \frac{1}{2}x = x^2 + 2 \cdot \frac{1}{4}x + (\frac{1}{4})^2 - (\frac{1}{4})^2 = (x + \frac{1}{4})^2 - \frac{1}{16}$.
    Setzt man nun $x + \frac{1}{4} = u$, so ist $y = u^2 - \frac{1}{16}$.
    Wo liegt hiernach der Scheitel der Kurve?
14. Bestimme in entsprechender Weise die Lage der Scheitel bei
    a) $y = x^2 - 2x$; **b)** $y = x^2 + \frac{1}{2}x \pm 3$; **c)** $y = x^2 - 2x \pm 1$.
15. Wie kann man durch Zeichnung der Parabel $y = x^2 - x - 5$ die Wurzelwerte der Gleichung $x^2 - x - 5 = 0$ erhalten? (Fig. 3 auf Tafel III.)
16. Wie durch Zeichnung der Parabel $y = x^2$ und der Geraden $y = x + 5$? (Dieselbe Figur.) Welches ist die bequemere Art?
17. Bestimme graphisch die Wurzelwerte der Gleichungen:
    a) $x^2 - 5x + 6 = 0$; **b)** $x^2 - 2x - 3 = 0$; **c)** $x^2 + 0{,}3x - 0{,}4 = 0$; **d)** $x^2 + x - 2 = 0$; **e)** $x^2 - 1{,}6x - 9{,}6 = 0$.
18. Wie kann man graphisch die Wurzelwerte der Gleichung $ax^2 + bx + c = 0$ durch Zeichnung der Parabel $y = ax^2 + bx + c$ bestimmen?

19. Wie durch Zeichnung der Parabel $y = ax^2$ und der Geraden $y = -bx - c$?
20. Wie durch Zeichnung der Parabel $y = x^2$ und der Geraden $y = -\frac{b}{a}x - \frac{c}{a}$?
Welches ist die einfachste Art?
21. Bestimme graphisch die Wurzelwerte der Gleichungen:
a) $2x^2 - 5{,}2x + 2{,}4 = 0$; **b)** $\frac{1}{2}x^2 + 0{,}9x - 1{,}8 = 0$;
c) $8x^2 - 2x - 3 = 0$.
22. Beim freien Fall ist $s = \frac{1}{2}gt^2$, worin die Beschleunigung $g = 9{,}81\ m$ ist. Stelle die Fallhöhe s als Funktion der Zeit dar und benutze den entstehenden Parabelzweig, um die Fallhöhe bei gegebener Zeit oder die Fallzeit bei gegebener Fallhöhe zu bestimmen.
23. Für den senkrechten Wurf abwärts ist $s = ct + \frac{1}{2}gt^2$; stelle s als Funktion von t für $c = 5\ m$ dar und verfahre wie in 22.
24. Desgleichen für den senkrechten Wurf aufwärts ($s = ct - \frac{1}{2}gt^2$) für $c = 50$ m. Welche Höhe erreicht der geworfene Körper und nach welcher Zeit? Wann kommt er wieder zur Erde.

§ 5. Graphische Darstellung von Potenzen mit veränderlicher Basis.

1. und 2. wie § 4, Aufg. 1 und 2.
3. Stelle auf Grund einer Zahlentabelle, wobei zwischen $x = -1$ und $x = +1$ möglichst viele Zwischenwerte einzuschalten sind, $y = x^3$ dar, und zwar **a)** y unverkürzt, **b)** y auf die Hälfte, **c)** y auf $^1/_{10}$ verkürzt. Gib näheres über die Form und Lage der Kurven (Parabeln zweiter Ordnung) an. Was für eine Symmetrie zeigen die Kurven?
4. Wie groß sind auf Grund der vorhergehenden Zeichnungen die dritten Potenzen von 1,4; 0,9; —2,8; 8,7; —6,5?
5. Ermittle aus den Kurven die Kubikwurzeln aus 2; 3; 4; 5; 7,9; —8,4; 30,6; —20,5, indem du y diesen Zahlen gleichsetzt.
6. Stelle auf Grund einer Zahlentabelle Kurven für $y = x^4$ und $y = x^5$ her und benutze sie entsprechend wie in 4 und 5.
7. Was läßt sich allgemein über Form und Lage der Kurven $y = x^n$ sagen, wo n eine absolute ganze Zahl bedeutet, je nachdem n gerade oder ungerade ist?
8. Vertausche in $x = 3$, $y = 2$ y mit x, so daß $y = 3$, $x = 2$ wird und weise nach, daß die beiden Punkte symmetrisch zu der Geraden ($y = x$) liegen, die den ersten und dritten Quadranten halbiert.
9. Desgleichen für die Punkte $x = a$, $y = b$ und $y = a$, $x = b$.

10. Was für eine Kurve ergibt sich daher aus $y = x^2$, wenn x und y vertauscht werden, so daß $x = y^2$ oder $y = \pm\sqrt{x}$ entsteht? (Linie 9 auf Tafel IV.)

11. Zeichne auf diese Weise die Kurve $y = \pm\sqrt{x}$ aus der Kurve $y = x^2$ und benutze sie zum Ausziehen der Quadratwurzel aus gegebenen Zahlen.

12. Laß auf dieselbe Weise aus $y = x^3$ die Kurve $x = y^3$ oder $y = \sqrt[3]{x}$ entstehen und benutze sie zum Ausziehen der Kubikwurzel aus gegebenen Zahlen.

13. Zeichne auf Grund einer Zahlentabelle die Kurve (Hyperbel) $y = x^{-1}$ oder $y = \frac{1}{x}$ (in den Linien 6 auf Tafel IV ist $y = 2\,x^{-1}$ oder $y = \frac{2}{x}$ wiedergegeben) und beschreibe Form und Lage der Kurve, insbesondere ihre Annäherung an die Achsen.

14. Benutze die Kurve $y = x^{-1}$, um die reziproken Werte gegebener Zahlen zu ermitteln.

15. Ein Rechteck mit veränderlichen Seiten hat einen Flächeninhalt von 12 qcm. Die Abhängigkeit der einen Seite von der anderen graphisch darzustellen.

16. Was für eine Kurve entsteht hier durch Vertauschung von x und y?

17. Stelle ebenso $y = x^{-2}$ oder $y = \frac{1}{x^2}$ dar (physikalische Bedeutung).

§ 6. Graphische Darstellung von Potenzen mit veränderlichem Exponenten.

1. Stelle auf Grund einer Zahlentabelle die (Exponential-)Funktion $y = 2^x$ dar (s. Linie 8 auf Tafel IV), indem du außer den ganzen Zahlen von -4 bis $+4$ noch die Werte $x = \frac{1}{2}, 1\frac{1}{2}$ usw. benutzt, was durch Ausziehen von Quadratwurzeln oder mit Hilfe der früher gezeichneten Kurven (s. § 4, 3 oder § 5, 11) geschehen kann. Beschreibe Form und Lage der Kurve. (Was ist von der Darstellung der Funktion $y = (-2)^x$ zu sagen?)

2. Bestimme mit Hilfe der gezeichneten Kurve **a)** $2^{1,4}$; **b)** $2^{-0,3}$; **c)** $2^{3,7}$.

3. Bestimme desgleichen den Exponenten für die Basis 2, wenn $y =$ **a)** 7; **b)** 12,5; **c)** 0,8; **d)** 4,2 werden soll. Weshalb darf man in diesem Fall keine negativen Werte für y vorschreiben?

4. Zeichne in entsprechender Weise die Kurven zu den Exponentialfunktionen $y = 3^x$ und $y = 10^x$, in beiden Fällen mit starker Verkürzung der y.

5. Bestimme mit diesen Kurven **a)** $3^{2,3}$; **b)** $3^{-1,2}$; **c)** $10^{3,2}$; **d)** $10^{-0,4}$.

6. Desgleichen x in den Gleichungen **a)** $15,6 = 3^x$; **b)** $0,4 = 3^x$; **c)** $42,7 = 10^x$; $0,3 = 10^x$.

7. Welche Eigenschaften sind allen Kurven von der Form $y = a^x$ gemeinsam, wenn a eine absolute Zahl über 1 bedeutet? Wie ändert sich die Kurve, wenn a durch $\frac{1}{a}$, also einen echten Bruch ersetzt wird?
8. Wie entsteht in der Zeichnung aus der Kurve $y = a^x$ durch Vertauschung von x und y die Kurve $x = a^y$ oder $y = \log x_{(a)}$? (vgl. § 5, 8).
9. Zeichne demgemäß als Spiegelbild zu $y = 2^x$ die Kurve $y = \log x_{(2)}$ (s. Linie 10 auf Tafel IV). Welche Form und Lage hat diese logarithmische Kurve?
10. Benutze diese Kurve zur Bestimmung von $\log 3_{(2)}$, $\log 2{,}7_{(2)}$, $\log 3{,}5_{(2)}$, $\log 0{,}8_{(2)}$, $\log 0{,}6_{(2)}$.
11. Weshalb kann man aus den in 4 gezeichneten Kurven nicht einfach durch Spiegelung die Kurven $y = \log x_{(3)}$ und $y = \log x_{(10)}$ gewinnen? Zeichne daher unter Benutzung der Logarithmentafel die Kurve $y = \log x_{(10)}$.
12. Bestimme mittels der gezeichneten Linie $\log 2$, $\log 3$, $\log 5$, $\log 6{,}5$, $\log 7{,}2$, $\log 0{,}9$.

Tabellen.

1. Löslichkeit von Salzen.

bei	100 Gewichtsteile Wasser lösen						
	Kochsalz $NaCl$	Salpeter KNO_3	Blei-nitrat PbN_2O_6	Strontium-nitrat SrN_2O_6	Glauber-salz Na_2SO_4	Mangan-sulfat $MnSO_4$	Alaun $\left.\begin{matrix}K_2SO_4\\Al_2S_3O_{12}\end{matrix}\right\}$
0°	35,7	13,3	36,5	39,5	4,8	55,4	3,0
5°	35,7	17,1	40,5	47,3	6,4	58,2	3,5
10°	35,8	21,1	44,4	54,9	9,0	61,1	4,0
15°	35,9	26,0	48,3	62,8	13,4	63,8	5,0
20°	36,0	31,2	52,3	70,8	19,5	66,3	5,9
25°	36,1	37,3	56,4	79,0	27,9	68,5	6,9
30°	36,3	44,5	60,7	87,6	40,9	70,4	7,9
35°	36,4	54,0	65,0	90,6	50,2	71,9	9,4
40°	36,6	64,0	69,4	91,3	48,8	73,1	11,7
50°	37,0	86,0	78,7	92,6	46,7	74,8	17,0
60°	37,3	111,0	88,0	94,0	45,3	65,9	25,0
70°	37,8	139,0	97,7	95,6	44,4	61,5	40,0
80°	38,4	172,0	107,6	97,2	43,7	61,5	71,0
90°	39,1	206,0	117,4	99,0	43,1	60,3	109,0
100°	39,8	247,0	127,0	101,1	42,5	52,9	154,0

2. Bodenbenutzung im Deutschen Reich und Verlust durch Gebietsabtretung.

	Fläche in ha		Rest
	Deutsches Reich 1913	Verlust durch Gebietsabtretung	
Acker- und Gartenland, Weinberge	26229659	4034229	22195430
Wiesen, Weiden und Hutungen ..	8584040	929545	7654495
Forsten und Holzungen	14223691	1522696	12700995
Haus- und Hofräume, Wege, Gewässer usw.	3092491	380671	2711820
Öd- und Unland, Moore	1979954	161771	1818183
Zusammen	54109835	7028912	47080923

3. Flächeninhalt, Gliederung und Bevölkerung (1925) der Erdteile.

Erdteile	Flächeninhalt in Mill. qkm	Rumpf	Halbinseln	Inseln	Glieder	Bewohner in Mill.	In Prozenten der Gesamtbevölkerung
		in % der Gesamtfläche					
Europa	10,0	73	19	8	27	471	25
Asien	44,2	80	14	6	20	1022	55
Afrika	29,8	98	—	2	2	135	7
Australien	8,9	80	5	15	20	8,9	0,5
Nordamerika	24,1	75	8	17	25	155	8
Südamerika	17,8	99	—	1	1	70	4

4. Ozeane (mit Nebenmeeren).

	Flächeninhalt in Millionen qkm	Flächeninhalt in % der ganzen Meeresfläche	Flächeninhalt des zugehörigen Flußeinzugsgebietes in Mill. qkm
Atlantischer Ozean	106	29,4	68
Indischer Ozean	75	20,7	20
Großer Ozean	180	49,9	16
Weltmeer	361	100,0	104

5. Absorption von Schwefeldioxyd (SO_2) in Wasser.

1 Liter Wasser absorbiert bei t° Celsius und 760 mm Barometerstand 1 Liter bzw. g Gramm SO_2

t	l	g
0°	79,8	228,3
4°	69,8	199,8
10°	56,7	162,1
15°	47,3	135,4
16°	45,6	130,5
17°	43,9	125,9
18°	43,3	121,4
19°	40,8	117,0
20°	39,4	112,9
21°	38,0	108,9
22°	36,6	105,0
23°	35,3	101,3
24°	33,9	97,6
25°	32,8	94,1
30°	27,2	78,7
35°	22,5	64,6
40°	18,8	54,1

6.

Jahr	Bevölkerung des Deutschen Reichs in 1000	Auswanderung				Auswärtiger Handel			
		von Deutschen überhaupt		über deutsche Häfen von		Einfuhr	Ausfuhr	Einfuhr	Ausfuhr
		in 1000	in ‰ der Bevölk.	Deutschen	Fremden	in Mill. Tonnen		in Mill. Mark	
				in 1000					
a	b	c	d	e	f	g	h	i	k
1872	41 230	128,2	3,11	124,5	30,3	14,4	11,0	3 465	2 492
1873	41 564	110,4	2,66	100,0	32,4	16,4	10,9	4 255	2 465
1874	42 004	47,7	1,13	43,5	32,1	16,2	11,3	3 671	2 460
1875	42 518	32,3	0,76	28,7	27,9	16,2	12,8	3 573	2 561
1876	43 059	29,6	0,69	23,9	26,7	17,6	13,9	3 912	2 605
1877	43 610	22,9	0,53	20,1	21,7	18,4	14,8	3 872	2 827
1878	44 129	25,6	0,58	23,2	23,1	17,4	16,2	3 716	2 915
1879	44 641	35,9	0,80	29,2	22,5	17,7	16,4	3 888	2 821
1880	45 095	117,1	2,60	95,0	54,8	17,1	18,8	2 844	2 977
1881	45 428	220,9	4,86	184,4	63,0	17,8	19,3	2 990	3 094
1882	45 719	203,6	4,45	169,2	62,5	18,9	20,4	3 135	3 280
1883	46 016	173,6	3,77	144,0	57,4	20,0	22,6	3 249	3 324
1884	46 336	149,1	3,22	126,5	69,0	20,6	22,1	3 261	3 256
1885	46 707	110,1	2,36	88,9	66,2	20,5	21,6	2 975	2 912
1886	47 134	83,2	1,77	66,6	99,8	19,8	21,5	2 941	3 042
1887	47 630	104,8	2,20	79,5	93,0	22,3	22,3	3 186	3 193
1888	48 168	104,0	2,16	80,7	106,4	25,6	23,8	3 429	3 356
1889	48 717	96,1	1,97	74,1	106,8	30,0	21,4	4 087	3 256
1890	49 241	97,1	1,97	74,8	168,5	31,7	22,4	4 273	3 410
1891	49 762	120,1	2,41	93,1	196,1	32,7	23,3	4 403	3 340
1892	50 266	116,3	2,31	90,2	151,4	32,2	22,7	4 227	3 150
1893	50 757	87,7	1,73	71,0	98,3	33,2	24,3	4 134	3 245
1894	51 339	41,0	0,80	33,6	52,8	35,2	25,9	4 286	3 052
1895	52 001	37,5	0,72	29,2	95,1	35,7	27,0	4 246	3 424
1896	52 753	33,8	0,64	25,8	95,8	39,9	29,2	4 558	3 754
1897	53 569	24,6	0,46	18,8	64,4	43,6	31,3	4 865	3 786
1898	54 406	22,2	0,41	17,2	83,8	45,9	33,4	5 440	4 011
1899	55 248	24,3	0,44	19,8	130,6	48,3	33,7	5 784	4 368
1900	56 046	22,3	0,40	16,7	160,1	49,5	36,3	6 043	4 753
1901	56 874	22,1	0,39	16,5	166,6	47,8	35,8	5 710	4 513
1902	57 767	32,1	0,56	23,5	221,4	46,6	38,5	5 806	4 813
1903	58 629	36,3	0,62	27,6	268,2	51,3	42,2	6 321	5 130
1904	59 475	28,0	0,47	22,0	219,1	52,5	42,4	6 855	5 316
1905	60 314	28,1	0,47	22,0	284,8	58,4	44,4	7 436	5 842
1906	61 153	31,1	0,50	25,5	326,0	63,9	49,0	8 685	6 870
1907	62 013	31,7	0,51	26,4	363,6	72,5	51,1	9 571	7 442
1908	62 863	19,9	0,32	16,7	106,5	66,4	52,1	8 306	7 019
1909	63 717	24,9	0,39	18,3	239,6	69,2	54,8	9 139	7 175
1910	64 568	25,5	0,39	21,4	254,6	70,7	60,5	9 535	8 080

Ergänzungen und Berichtigungen zu den Tabellen.

Zu Tabelle 7 auf S. 91.

1925	63 177	62,7	1,01	58,4	20,8	63	63	13 652	9 964
1926	63 646	65,3	1,05	62,0	29,4	60	91	11 220	11 101
1927	64 022	61,4	0,97	58,8	29,2	82	74	15 839	11 746
1928	64 397	57,2	0,90	55,6	27,4	81	75	15 679	13 228
1929	64 745	48,7	0,76	47,4	34,0	81	83	14 027	14 215

Zu Tabelle 8 auf S. 91.

1926	47 150	18 192	33 037	7597
1927	53 711	19 912	39 322	8945
1928	54 102	20 248	39 294	9066
1929	49 000	21 740	34 423	9349

Zu Tabelle 10 auf S. 93.

1914	2765	488	2170	2833	25	17	4935	3320
1924	2282	288	1956	1546	64	47	4238	1834
1925	2283	286	1987	1633	83	78	4270	1920
1926	2164	260	1987	1675	118	138	4151	1935
1927	2075	241	1970	1811	130	156	4045	2052
1928	1964	215	2017	1979	153	185	3981	2194
1929	1892	200	2064	2166	215	275	3956	2366
1930	1852	191	2087	2312	237	325	3939	2502

Zu Tabelle 11 auf S. 93.

1925	18 373 *)	4 949	55 185
1926	41 134 *)	6 541	84 594
1927	26 659	9 970	151 091
1928	30 424	11 450	120 711
1929	24 440	10 419	96 835

*) Im Gegensatz zu den folgenden Jahren ist jede Teilstrecke als besondere Reise gezählt.

Zu Tabelle 13 auf S. 94 *).

1911	286	173
1912	283	156
1913	275	150
1914	268	190
1915	204	214
1916	152	192
1917	139	206
1918	143	248
1919	200	156
1920	259	151
1921	253	139
1922	230	144
1923	211	139
1924	205	123
1925	207	119
1926	195	117
1927	184	120
1928	186	116
1929	179	126

*) Die neuen Zahlen enthalten die Totgeburten nicht mehr.

Zu Tabelle 15 auf S. 95.

SS. 1926	57 170	7 851	65 021	21 315	368	21 683	86 704
WS. 1926	56 354	8 086	64 440	21 690	382	22 072	86 512
SS. 1927	62 569	9 570	72 139	20 461	466	20 927	93 066
WS. 1927	61 969	9 680	71 649	21 475	474	21 949	93 598
SS. 1928	71 270	12 052	83 322	19 975	520	20 495	103 817
WS. 1928	69 983	12 305	82 288	22 344	562	22 906	105 194
SS. 1929	78 167	14 923	93 090	21 558	709	22 267	115 357
WS. 1929	75 820	14 958	90 778	22 775	714	22 775	113 553

Zu Tabelle 16 auf S. 96.

1926	236 411	206 487	90 029
1927	295 186	267 774	100 969
1928	334 314	351 380	121 765
1929	385 863	433 205	143 952

7.

Jahr	Bevölkerung des Deutschen Reichs in 1000	Auswanderung von Deutschen überhaupt in 1000	Auswanderung von Deutschen überhaupt in ‰ der Bevölk.	Auswanderung über deutsche Häfen von Deutschen in 1000	Auswanderung über deutsche Häfen von Fremden in 1000	Auswärtiger Handel Einfuhr in Mill. Tonnen	Auswärtiger Handel Ausfuhr in Mill. Tonnen	Auswärtiger Handel Einfuhr in Mill. Mark	Auswärtiger Handel Ausfuhr in Mill. Mark
a	b	c	d	e	f	g	h	i	k
1911	65 359	22,7	0,35	18,7	183,2	75,6	66,6	10 380	8 774
1912	66 146	18,5	0,28	13,7	290,4	79,2	73,5	11 572	9 684
1913	66 978	25,8	0,39	18,4	413,9	81,4	82,2	11 655	10 892
1914	67 790	11,8	0,17	9,2	150,4				
1920	61 797	8,5	0,14	0,9	2,0				
1921	62 469	23,5	0,38	18,2	19,4				
1922	62 035	36,5	0,60	35,9	38,4	60,7	35,5		
1923	62 450	115,4	1,87	113,8	51,9	62,5	27,5	.	.
1924	62 846	58,3	0,94	55,1	18,7	51,1	27,8	.	.
1925	63 342	62,8	0,97	58,4	20,1	63,4	49,1	13 718	9 472

8. Verkehr im Kaiser-Wilhelm-Kanal.

Jahr	Zahl der Schiffe	Rauminhalt in 1000 Reg.-Tons netto	davon deutsche Zahl	davon deutsche Rauminhalt
1913	54 628	10 292	45 109	5880
1914	34 370	5 866	29 770	3817
1918	17 441	5 288	17 441	5288
1921	32 255	9 484	25 590	4198
1922	39 048	12 805	28 435	4951
1923	44 327	15 405	32 405	6681
1924	42 373	13 434	32 811	6787
1925	42 288	14 695	31 695	7390

9.

Am 1. Jan. der Jahre	Entwicklung der deutschen Handelsschiffahrt zur See *)								
	Segel- u. Schleppschiffe			Dampfschiffe			Seeschiffe überhaupt		
	Zahl	Netto-Raumgehalt in 1000 Registertons	Besatzung	Zahl	Netto-Raumgehalt in 1000 Registertons	Besatzung	Zahl	Netto-Raumgehalt in 1000 Registertons	Besatzung
l	m	n	o	p	q	r	s	t	u
1872	4354	892	34 273	175	97	5 636	4529	989	39 909
1873	4311	870	33 618	216	130	6 621	4527	999	40 239
1874	4242	866	33 103	253	168	8 293	4495	1034	41 396
1875	4303	878	33 085	299	190	9 339	4602	1068	42 424
1876	4426	901	33 215	319	184	9 147	4745	1085	42 362
1877	4491	923	33 255	318	181	8 589	4809	1104	41 844
1878	4469	935	32 659	336	183	8 173	4805	1118	40 832
1879	4453	949	32 362	351	180	7 616	4804	1129	39 978
1880	4403	975	32 158	374	196	8 131	4777	1171	40 289
1881	4246	966	31 003	414	216	8 657	4660	1182	39 660
1882	4051	943	29 593	458	252	9 516	4509	1194	39 109
1883	3855	915	28 094	515	311	10 937	4370	1227	39 031
1884	3712	895	26 937	603	375	12 678	4315	1269	39 615
1885	3607	880	26 014	650	414	13 897	4257	1294	39 911
1886	3471	862	24 925	664	421	14 006	4135	1282	38 931
1887	3327	831	23 566	694	454	15 455	4021	1285	39 021
1888	3094	770	21 220	717	470	15 856	3811	1240	37 076
1889	2885	731	19 574	750	503	16 684	3635	1234	36 258
1890	2779	703	18 438	815	618	19 419	3594	1321	37 857
1891	2757	710	18 132	896	724	22 317	3653	1433	40 449
1892	2698	704	17 390	941	765	23 509	3639	1469	40 899
1893	2742	725	17 522	986	786	24 113	3728	1512	41 635
1894	2713	698	16 738	1016	824	24 649	3729	1522	41 387
1895	2622	661	15 785	1043	893	25 199	3665	1554	40 984
1896	2534	622	14 858	1068	880	25 139	3592	1502	39 997
1897	2552	598	14 629	1126	890	26 176	3678	1488	40 805
1898	2522	586	14 162	1171	970	28 266	3693	1555	42 428
1899	2490	601	14 035	1223	1038	29 111	3713	1640	43 146
1900	2466	588	13 845	1293	1150	31 027	3759	1738	44 872
1901	2493	594	13 695	1390	1348	36 861	3883	1942	50 556
1902	2496	587	13 535	1463	1506	40 411	3959	2093	53 946
1903	2500	581	13 457	1545	1622	42 984	4045	2204	56 441
1904	2534	582	13 654	1622	1740	46 046	4156	2322	59 700
1905	2567	579	13 869	1657	1774	46 747	4224	2353	60 616

*) Soweit der Raumgehalt der Schiffe 50 cbm = 17,65 Reg.-Tons übersteigt.

10.

Am 1. Jan. der Jahre	Entwicklung der deutschen Handelsschiffahrt zur See *)							
	Segel- u. Schleppschiffe		Dampf- und Motorschiffe		Motorschiffe allein		Seeschiffe überhaupt	
	Zahl	Netto-Raumgehalt in 1000 Reg.-Tons	Zahl	Netto-Raumgehalt in 1000 Reg.-Tons	Zahl	Netto-Raumgehalt in 1000 Reg.-Tons	Zahl	Netto-Raumgehalt in 1000 Reg.-Tons
l	m	n	p	q	v	w	s	t
1906	2558	554	1762	1915			4320	2469
1907	2597	532	1833	2097			4430	2629
1908	2649	534	1922	2257			4571	2790
1909	2685	522	1953	2303			4638	2825
1910	2708	510	1950	2350			4658	2859
1911	2702	507	1973	2397			4675	2904
1912	2723	510	2009	2514			4732	3024
1913	2752	498	2098	2655			4850	3154
1914	2765	488	2170	2833	25	29	4935	3320
1924	2282	338	1956	2670	64	80	4238	3008
1925	2283	340	1987	2829	83	132	4270	3169

11. Deutscher Luftverkehr.

Jahr	Zahl der Flüge	Flugstrecke in 1000 km	Personen
1919	2906	580	2042
1920	2386	480	3975
1921	4771	1654	6804
1922	2504	1204	7733
1923	1378	718	8507
1924	4198	1583	13422
1925	18634	4949	55185

*) Soweit der Raumgehalt der Schiffe 50 cbm = 17,65 Reg.-Tons übersteigt.

12. Flächeninhalt und Bevölkerung der Länder des Deutschen Reiches 1925.

Länder	Flächeninhalt in qkm	Bevölkerung nach Tausenden	Auf 1 qkm kommen
Anhalt	2299	351,7	153
Baden	15071	2336,5	155
Bayern	76421	7509,8	98
Braunschweig	3672	508,7	139
Bremen	256	332,5	1297
Hamburg	415	1128,8	2718
Hessen	7693	1358,4	177
Lippe	1215	166,0	137
Lübeck	298	127,5	428
Meckl.-Schwerin	13127	686,8	52
Meckl.-Strelitz	2930	112,1	56
Oldenburg	6424	553,7	86
Preußen	293186	38854,1	133
Sachsen	14993	4980,7	332
Schaumburg-Lippe	340	48,7	143
Thüringen	11724	1628,4	139
Waldeck	1055	59,3	56
Württemberg	19508	2595,1	133
Deutsches Reich	470628	63338,8	136

13. Geborene und Gestorbene im Deutschen Reich jährlich auf 10000 Einwohner.

Jahr	Geborene	Gestorbene
1911	295	182
1912	291	164
1913	283	158
1914	276	199
1915	210	220
1916	157	197
1917	144	210
1918	147	252
1919	207	162
1920	267	159
1921	261	148
1922	237	151
1923	217	146
1924	211	129
1925	213	126

14. Verkehr in den bedeutendsten Seekanälen 1925.

Flaggen	Kaiser-Wilhelm-Kanal			Suezkanal			Panamakanal		
	Zahl der Schiffe	Netto-Rauminhalt in 1000 Reg.-Tons überhaupt	Netto-Rauminhalt v. H.	Zahl der Schiffe	Netto-Rauminhalt in 1000 Reg.-Tons überhaupt	Netto-Rauminhalt v. H.	Zahl der Schiffe	Netto-Rauminhalt in 1000 Reg.-Tons überhaupt	Netto-Rauminhalt v. H.
a) Deutsche	31659	7390	50,3	359	1367	6,5	163	578	3,2
b) Amerikanische (V. St. v. A.)	55	199	1,3	133	607	2,9	2326	9817	53,7
c) Britische	991	1197	8,1	3035	12553	59,6	1219	4783	26,2
d) Dänische	2574	1130	7,7	82	273	1,3	42	128	0,7
e) Französische ..	153	244	1,7	314	1316	6,3	105	392	2,1
f) Japanische ...	6	25	0,2	190	884	4,2	172	659	3,6
g) Niederländische	1885	802	5,5	522	2183	10,4	10	64	0,3
h) Norwegische ..	980	910	6,2	91	262	1,2	192	538	2,9
i) Schwedische ..	2396	1387	9,4	57	215	1,0	49	181	1,0
k) Sonstige	1589	1411	9,6	454	1392	6,6	395	1144	6,3
Zusammen .	42288	14695	100,0	5237	21052	100,0	4675	18284	100,0

15. Zahl der Studierenden

	an den Universitäten			an den technischen Hochschulen			
	männl. a	weibl. b	a + b	männl. c	weibl. d	c + d	a + b + c + d
SS. 1913	56 693	3368	60 061	11 705	62	11 767	71 828
WS. 1913	55 614	3649	59 263	12 726	75	12 801	72 064
SS. 1922	76 335	8105	84 440	24 285	355	24 640	109 080
WS. 1922	74 007	8206	82 213	26 384	418	26 802	109 015
SS. 1923	76 631	8763	85 394	26 170	470	26 640	112 034
WS. 1923	68 521	8338	76 859	25 467	472	25 939	102 798
SS. 1924	60 654	7460	68 114	21 460	357	21 817	89 931
WS. 1924	54 204	6675	60 879	22 202	297	22 499	83 378
SS. 1925	53 650	6808	60 458	20 842	374	21 216	81 674
WS. 1925	52 100	6767	58 867	22 253	381	22 634	81 501

16. Kraftfahrzeuge im Deutschen Reich.

Jahr	Krafträder	Personenwagen	Lastwagen
1914[1])	20660	55276	9117
1921	26729	60966	30424
1922	38048	82692	43711
1923	59389	100340	51736
1924	97965	132179	60629
1925	161508	175665	80363

*) umgerechnet auf den jetzigen Gebietsumfang des Reiches.

Formelsammlung.

(1) $a + b = b + a; \quad a + b + c = a + c + b = c + b + a$ usw.

(2) $(p - q) + q = p.$

(3) $a - b + c = a + c - b = c + a - b$ usw.

(4) $x + (a + b) = x + a + b; \quad x + (a - b) = x + a - b;$

(5) $x - (a + b) = x - a - b; \quad x - (a - b) = x - a + b.$

(6) $\left.\begin{array}{l} x + (a + b - c) = x + a + b - c; \\ x - (a + b - c) = x - a - b + c \end{array}\right\}$ und umgekehrt.

(7) $(+ a) + (- a) = 0.$

(8) $a + (+ b) = a + b; \quad a + (- b) = a - b;$
$a - (+ b) = a - b; \quad a - (- b) = a + b.$

---

(9) $a b = b a; \quad (a b) c = (a c) \cdot b = (b c)\ a$ usw.

(10) $a\ (b c) = (a b)\ c = (a c)\ b.$

(11) $\left.\begin{array}{l} (a \pm b) \cdot c = a c \pm b c; \\ (a + b - c)\ x = a x + b x - c x \end{array}\right\}$ und umgekehrt.

(12) $(a + b)(x + y) = a x + b x + a y + b y;$
$(a + b)(x - y) = a x + b x - a y - b y;$
$(a - b)(x + y) = a x - b x + a y - b y;$
$(a - b)\ (x - y) = a x - b x - a y + b y;$
$(a + b - c)\ (x - y) = a x + b x - c x - a y - b y + c y.$

(13) $\left.\begin{array}{l} (a + b)^2 = a^2 + 2 a b + b^2; \\ (a - b)^2 = a^2 - 2 a b + b^2; \\ (a + b)(a - b) = a^2 - b^2. \end{array}\right\}$ und umgekehrt.

(14) $(a + b - c)^2 = a^2 + b^2 + c^2 + 2 a b - 2 a c - 2 b c.$

(15) $(+ a)\ (+ x) = + a x; \quad (+ a) \cdot (- y) = - a y;$
$(- b)\ (+ x) = - b x; \quad (- b)\ (- y) = + b y.$

---

(16) $(c : b)\ b = c.$

(17) $(+ a) : (+ b) = + (a : b); \quad (+ a) : (- b) = - (a : b);$
$(- a) : (+ b) = - (a : b); \quad (- a) : (- b) = + (a : b).$

(18) $(ab) : c = (a : c)\, b = (b : c)\, a.$

(19) $0 : a = 0;\quad [a : x]_{x \to 0} = \infty;\quad 0 : 0$ unbestimmt.

(20) $(a + b) : c = a : c + b : c;\ (a - b) : c = a : c - b : c;$
$(a + b - c) : x = a : x + b : x - c : x.$

(21) $\frac{a}{c} \pm \frac{b}{c} = \frac{a \pm b}{c};\quad \frac{a}{x} + \frac{b}{x} - \frac{c}{x} = \frac{a + b - c}{x}.$

(22) $\frac{a}{b}\, c = \frac{ac}{b} = \frac{a}{b : c}.$

(23) $\frac{a}{b} : c = \frac{a : c}{b} = \frac{a}{bc}.$

(24) $\frac{a}{b} = \frac{am}{bm};\quad \frac{am}{bm} = \frac{a}{b}.$

(25) $\frac{a}{b} \cdot \frac{c}{d} = \frac{ac}{bd}.$

(26) $a : \frac{b}{c} = a \cdot \frac{c}{b} = \frac{ac}{b};\quad \frac{a}{b} : \frac{c}{d} = \frac{a}{b} \cdot \frac{d}{c} = \frac{ad}{bc}.$

---

(27) Wenn $a : b = 4 : 3$, so ist $a = \frac{4}{3} b$ und $b = \frac{3}{4} a$.

(28) $a : b = an : bn = \frac{a}{n} : \frac{b}{n}.$

(29) Wenn $a : b = c : d$, so ist $ad = bc$.

(30) Wenn $a : b = c : d$, so ist
$(a \pm b) : a = (c \pm d) : c$ und $(a \pm b) : b = (c \pm d) : d$

(31) Wenn $a : b = c : d$ und $a_1 : b_1 = c_1 : d_1$, so ist
$a a_1 : b b_1 = c c_1 : d d_1.$

(32) Wenn $x : y = a : b$ und $x = \lambda a$, so ist $y = \lambda b$.

(33) Wenn $a : x = b : y = c : z = d : u$ oder
$a : b : c : d = x : y : z : u$, so ist
$(a + b + c + d) : (x + y + z + u) = a : x = b : y$ usw.

---

(34) $a^m \cdot a^n = a^{m+n}.$

(35) $a^m : a^n = a^{m-n}$ (wenn $m > n$);
$= 1$ (wenn $m = n$);
$= \frac{1}{a^{n-m}}$ (wenn $m < n$).

(36) $a^0 = 1; \quad a^{-m} = \frac{1}{a^m}$.

(37) $a^m \cdot b^m = (a\,b)^m$ und umgekehrt.

(38) $a^m : b^m = (a : b)^m$ und umgekehrt.

(39) $(a^m)^n = a^{m\,n} = (a^n)^m$.

(40) $(a \pm b)^3 = a^3 \pm 3\,a^2 b + 3\,a b^2 \pm b^3$.
$(a \pm b)^4 = a^4 \pm 4\,a^3 b + 6\,a^2 b^2 \pm 4\,a b^3 + b^4$.

1
1 1
1 2 1
1 3 3 1
1 4 6 4 1
1 5 10 10 5 1
1 6 15 20 15 6 1
1 7 21 35 35 21 7 1
1 8 28 56 70 56 28 8 1
1 9 36 84 126 126 84 36 9 1
1 10 45 120 210 252 210 120 45 10 1

---

(41) Wenn $\sqrt[n]{a} = x$, so ist $x^n = a$.

(42) $\sqrt[n]{a^n} = a; \quad (\sqrt[n]{a})^n = a$.

(43) $\sqrt[n]{a} \cdot \sqrt[n]{b} = \sqrt[n]{a\,b}$ und umgekehrt.

(44) $\sqrt[n]{a} : \sqrt[n]{b} = \sqrt[n]{a : b}$ und umgekehrt.

(45) $\sqrt[n]{a^m} = (\sqrt[n]{a})^m$ und umgekehrt.

(46) $\sqrt[m]{\sqrt[n]{a}} = \sqrt[mn]{a} = \sqrt[n]{\sqrt[m]{a}}$.

(47) $\sqrt[n]{a^m} = \sqrt[np]{a^{mp}}$ und umgekehrt.

(48) $\sqrt[n]{a^m} = a^{\frac{m}{n}}$.

(49) $a^{\frac{1}{n}} = \sqrt[n]{a}; \quad a^{\frac{m}{n}} = \sqrt[n]{a^m}; \quad a^{-\frac{m}{n}} = \frac{1}{\sqrt[n]{a^m}}$.

---

(50) Wenn $\log a_{(x)} = n$, so ist $x^n = a$.

(51) $\log x^n_{(x)} = n; \quad x^{\log a_{(x)}} = a$.

(52) $\left.\begin{aligned} \log a b &= \log a + \log b; \\ \log \frac{a}{b} &= \log a - \log b. \end{aligned}\right\}$ und umgekehrt.

(53) $\left.\begin{aligned} \log a^n &= n \log a; \\ \log \sqrt[n]{a} &= \frac{1}{n} \log a. \end{aligned}\right\}$ und umgekehrt.

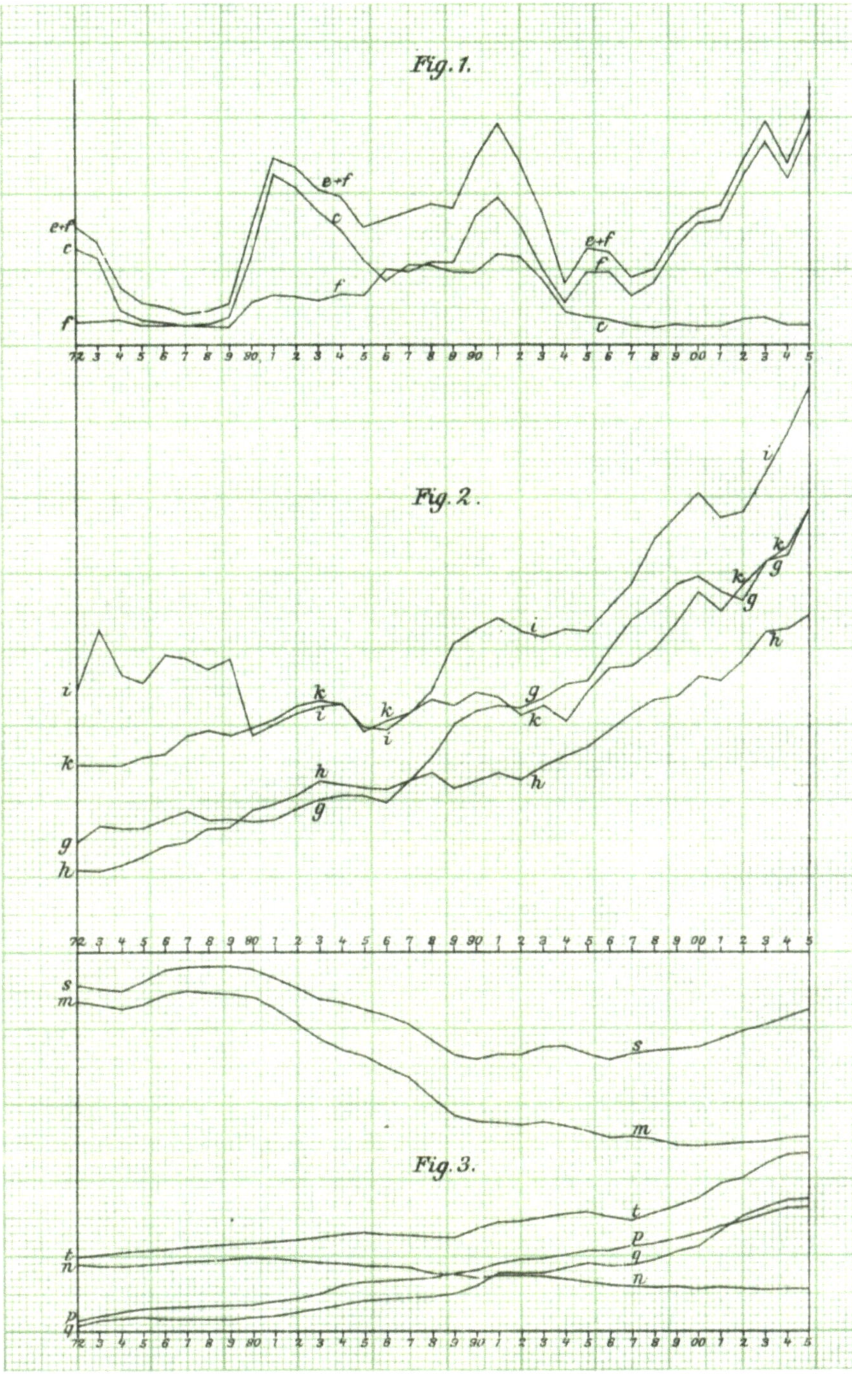
Fig. 1.
Fig. 2.
Fig. 3.

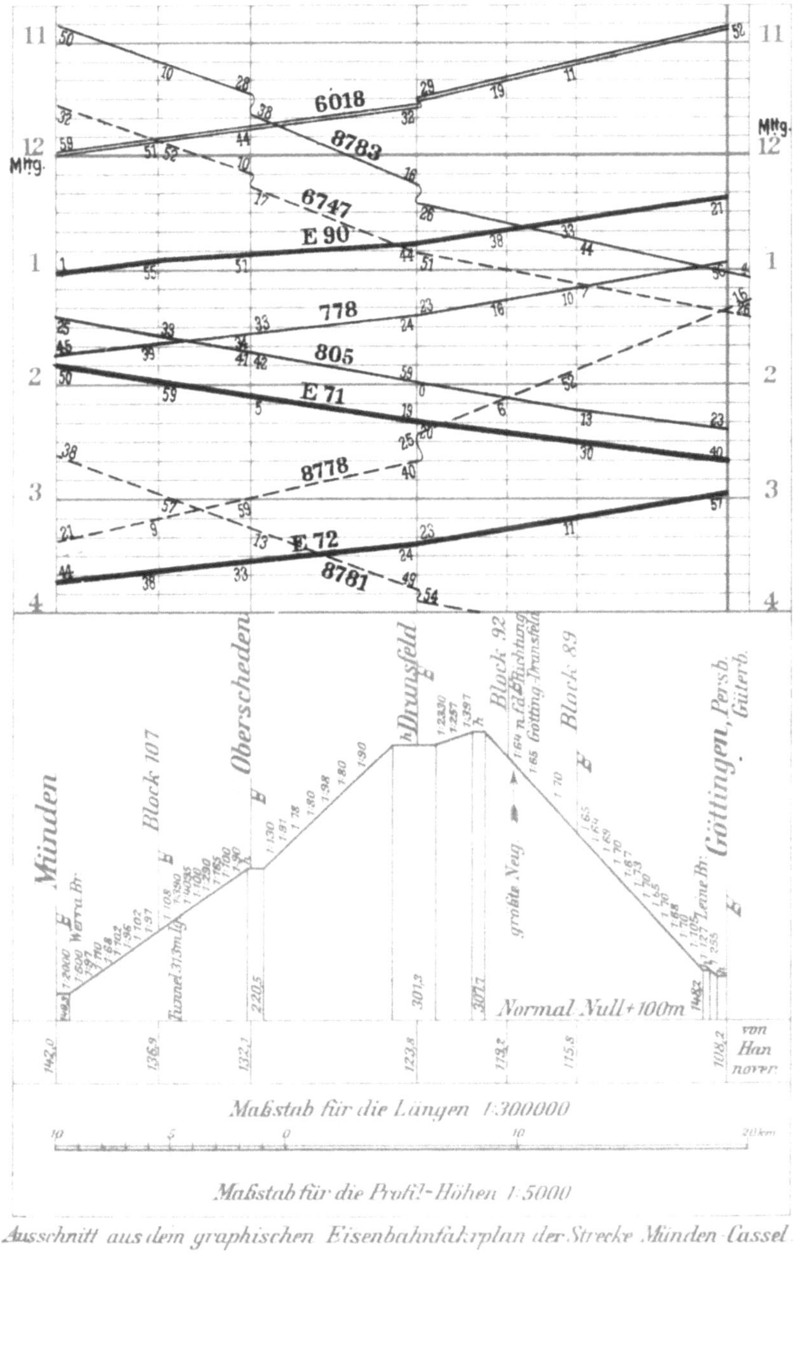

Ausschnitt aus dem graphischen Eisenbahnfahrplan der Strecke Münden-Cassel

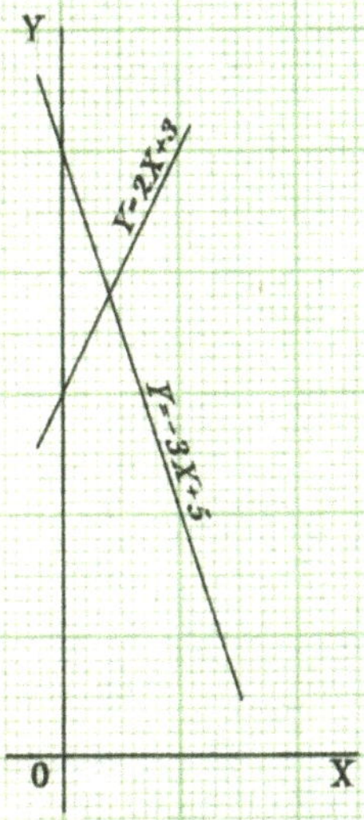

Fig. 2.

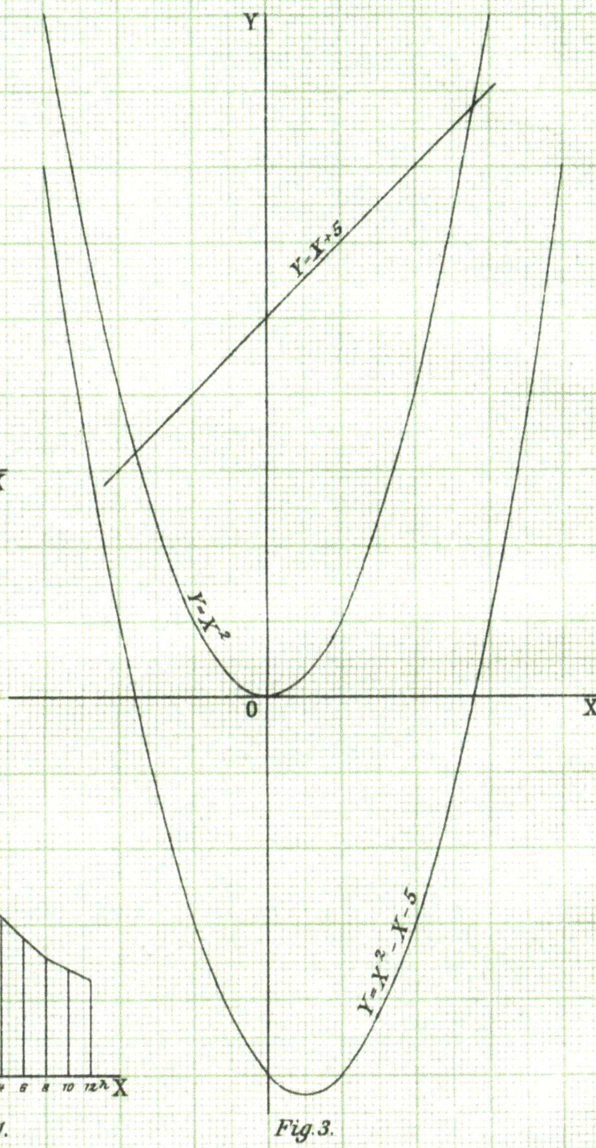

Fig. 3.

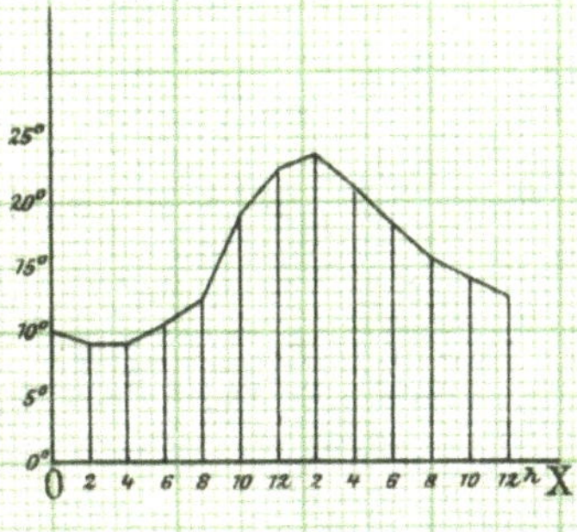

Fig. 1.

Tafel IV.

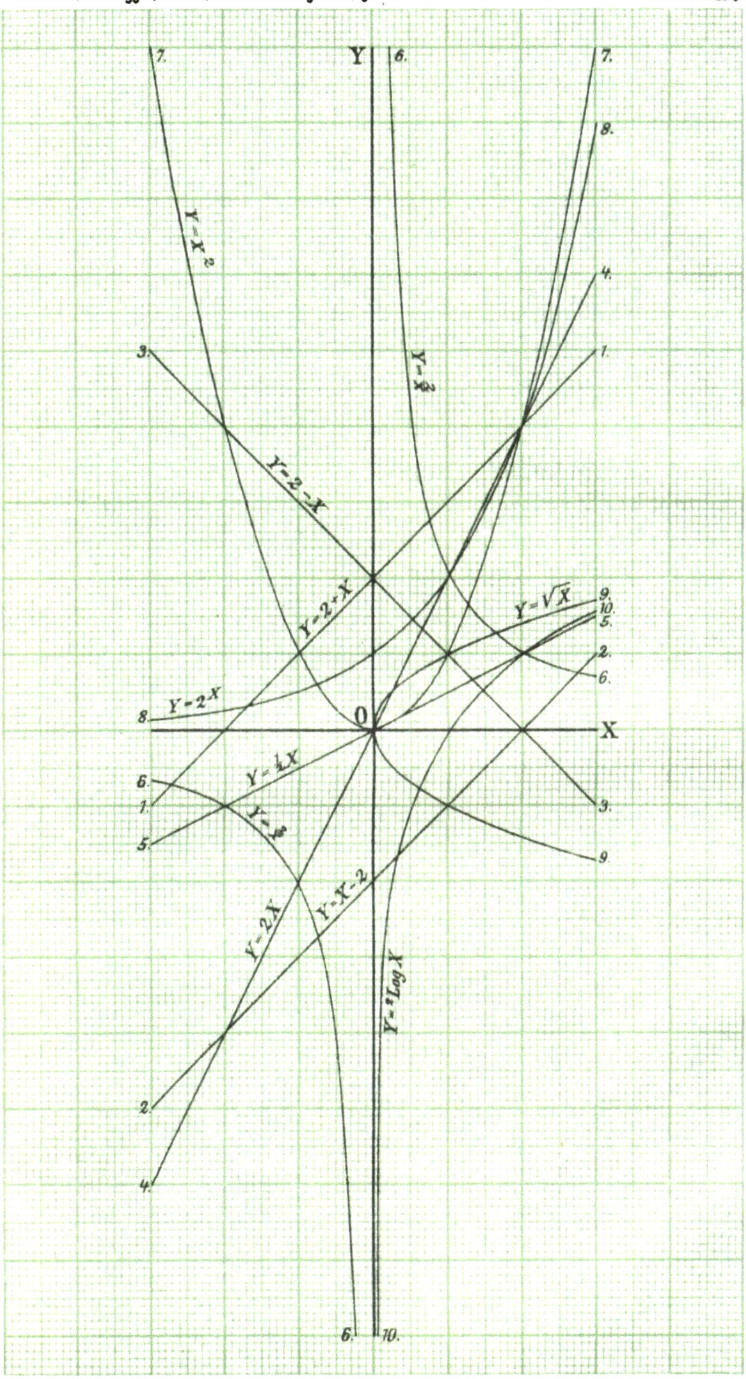

FSC
www.fsc.org
MIX
Papier | Fördert gute Waldnutzung
FSC® C083411

Zeitfracht Medien GmbH
Ferdinand-Jühlke-Straße 7
99095 Erfurt, Deutschland
produktsicherheit@kolibri360.de